灵创课堂
与创造力培养

黄　强　李伟娟　著

哈尔滨出版社
HARBIN PUBLISHING HOUSE

图书在版编目（CIP）数据

灵创课堂与创造力培养 / 黄强，李伟娟著. -- 哈尔滨：哈尔滨出版社, 2024.11. -- ISBN 978-7-5484-8302-1

Ⅰ.B804.4

中国国家版本馆 CIP 数据核字第 2024GK4199 号

书　　名	灵创课堂与创造力培养
	LING CHUANG KETANG YU CHUANGZAO LI PEIYANG
作　　者	黄强　李伟娟　著
责任编辑	刘丹
封面设计	树上微出版
出版发行	哈尔滨出版社（Harbin Publishing House）
社　　址	哈尔滨市香坊区泰山路 82-9 号　邮编：150090
经　　销	全国新华书店
印　　刷	武汉市籍缘印刷厂
网　　址	www.hrbcbs.com
E-mail	hrbcbs@yeah.net

编辑版权热线：（0451）87900271　87900272

开　　本	710mm×1000mm　1/16　印张：18　字数：276 千字
版　　次	2024 年 11 月第 1 版
印　　次	2024 年 11 月第 1 次印刷
书　　号	ISBN 978-7-5484-8302-1
定　　价	98.00 元

凡购本社图书发现印装错误，请与本社印制部联系调换。

服务热线：（0451）87900279

2024年广东省基础教育课程教学改革深化行动专题研究项目《核心素养背景下基于项目式学习的高中校本课程开发研究》成果

2022年广东省教育研究院中小学劳动教育教学研究《基于UMU平台信息技术与劳动教育教学深度融合的研究》（立项编号：GDJY--2022-A(LD)-a15）成果

广东省教育科学规划2022年度中小学教师教育科研能力提升计划项目《基于智慧教学平台混合式项目学习的实践研究》（立项编号：2022YQJK627）成果

广东省（2021—2023年）黄强名教师工作室成果

PREFACE 序

在教育的广阔天地中，创造力的培养犹如一颗璀璨的星辰，引领着我们探索未知的宇宙。《灵创课堂与创造力培养》这本书的诞生，正是基于对这颗星辰的无限向往和深入研究。在这本书中，我们不仅将探讨创造力的内涵、重要性及其在教育领域的实践路径，更将展示一系列创新的教育模式和方法，以期激发每一位读者对教育创新的思考和实践。

本书的撰写是一次跨学科、跨领域的合作。黄强老师作为信息技术教育领域的资深教师，以其28年的教学经验和卓越的创新精神，为本书贡献了超过13万字的内容。黄老师将他在数字化教育教学领域的专业知识和丰富经验，转化为书中的深刻见解和实用策略，为我们描绘了一幅信息技术与创造力培养相结合的宏伟蓝图。

同样，李伟娟老师也以其在小学语文教学和教育研究方面的深厚积累，贡献了超过14万字的精彩内容。李老师的教学实践和创新方法，不仅为学生提供了一个充满挑战和机遇的学习环境，更为我们在语文教学中如何培养学生的创造力提供了宝贵的经验和启示。

本书的总字数约为27万字，这一数字不仅是内容深度和广度的体现，也反映了两位作者的辛勤工作。在这本书中，我们不仅讨论了创造力的重要性和理论基础，还提供了丰富的实践案例和教学策略，以期为教育工作者提供全面的指导和启发。

我们相信，通过本书的分享和讨论，能够激发更多的教育工作者和学者对创造力培养的关注和研究，共同推动教育的发展和创新。我们希望，每一位读者都能在阅读本书的过程中，找到属于自己的灵感和方法，为培养下一代的创新者和领导者贡献力量。

李伟娟

2024年11月

目　录

第一章　科创教育概述 1
　第一节　创作背景 1
　第二节　研究创新教育的目的与意义 3
　第三节　目标与影响 4
第二章　灵创课堂的理论基础 6
　第一节　灵创课堂的定义 6
　第二节　灵创教育目标与价值 6
　第三节　灵创课堂的理念 7
　第四节　灵创课堂的特点 8
　第五节　灵创课堂实施现状分析 9
　第六节　科创教育理念概述 10
　第七节　科创教育与创造力培养的关系 13
　第八节　创造力的心理学基础 14
　第九节　建构主义学习理论 23
　第十节　多元智能理论 24
　第十一节　人本主义学习理论 26
　第十二节　生本教育理念 28
　第十三节　创新教育理论 29
　第十四节　教育技术的应用 31
　第十五节　教育评价的多元化 33
第三章　创造力重要性与教育现状 35
　第一节　创造力的理论框架 36
　第二节　国家科创教育政策 54
　第三节　人工智能与教育结合的现状 62
　第四节　教育现状的挑战 74
　第五节　创新能力与创造力 75

第六节　科创作品案例分析：智能购物车 78

第四章　灵创课堂的构建 80
　　第一节　灵创课堂的理念和目标 80
　　第二节　灵创课堂的设计原则 81
　　第三节　灵创课堂的特点 82
　　第四节　灵创课堂的教学策略 84
　　第五节　灵创课堂的教学方法 85

第五章　创造力培养策略与方法 87
　　第一节　创新思维的概念阐释 87
　　第二节　创新思维的特征 87
　　第三节　创新思维的类型及其特点 90
　　第四节　创新思维在教育中的重要性 94
　　第五节　创新思维的教学方法 107
　　第六节　创新思维与创造力 136
　　第七节　创新实践活动 138
　　第八节　创新思维的教学设计 142
　　第九节　面向创新思维培养的 STEM 教学 144

第六章　灵创课堂案例研究与实践 152
　　第一节　融合"教善·学思·灵创·生长"的灵创课堂 152
　　第二节　教学案例分析 162
　　第三节　"悦赏相融·学思统一"语文课堂创新教学实践 172
　　第四节　教学案例分析 178

第七章　灵创课堂的实施策略与效果 183
　　第一节　实施灵创课堂的准备 183
　　第二节　灵创课堂教学方法 184
　　第三节　灵创课堂的评估策略 185
　　第四节　灵创课堂的实施效果 190
　　第五节　灵创课堂案例分析 192
　　第六节　灵创课堂的语文阅读 201

第八章　挑战与展望 213
第一节　挑战分析 213
第二节　对策制定：应对资源限制的策略 235
第三节　未来发展趋势 242
第四节　对教育改革的建议 259
第五节　改革评估体系 262
第九章　结论与展望：培养创造力，塑造未来 270
附录 272
附录 1：威廉斯创造力倾向测量 272
附录 2：创新思想测试题 275

第一章 科创教育概述

第一节 创作背景

在当前教育改革的大背景下，科创教育作为培养学生创新能力和实践能力的重要途径，受到了越来越多的重视。作为一名一线的信息技术教师和科创教育的带头人，作者结合自身丰富的教学经验和对教育创新的深刻理解，提出"灵创课堂"这一概念，旨在通过创新的教学模式激发学生的创造力，培养适应未来社会发展的创新人才。

一、科创教育的国家战略地位

科创教育作为国家战略的重要组成部分，其核心在于培养具有创新精神和实践能力的科技人才，以适应科技进步和产业变革的需求。当前，全球正处于科技革命和产业变革的交汇期，对科技创新人才的需求日益迫切。在此背景下，科创教育被赋予了前所未有的战略地位。

据教育部等十八部门印发的《关于加强新时代中小学科学教育工作的意见》（以下简称《意见》），科创教育被视为提升全民科学素质、建设教育强国、实现高水平科技自立自强的重要基础。政策文件强调，科创教育是教育、科技、人才三位一体发展的关键环节，对于推动国家现代化进程具有基础性和战略性支撑作用。

科创教育的政策发展经历了从理念提出到具体实施的过程。自党的二十大报告提出"坚持教育优先发展、科技自立自强、人才引领驱动"的战略方针以来，科创教育的地位不断提升。2023年5月，教育部等十八部门联合印发的《意见》进一步明确了科创教育在新时代教育改革中的重要角色，标志着科创教育政策进入了全面实施阶段。

科创教育在中国教育改革中占据了核心地位，这与国家的长远发展战略紧密相关。随着全球科技竞争的加剧，创新人才的培养成为国家发展的重要支柱。中国政府在多个政策文件中强调了科创教育的重要性，旨在通过教育改革培养出能够适应未来社会发展的创新人才。

国家战略：《全民科学素质行动规划纲要（2021—2035年）》明确提出，要提升全民科学素质，特别是青少年的科学素养，为国家的科技创新提供人才支持。

教育政策：《教育部等十八部门关于加强新时代中小学科学教育工作的意见》指出，科学教育是立德树人的重要内容，要通过改革教育模式，激发学生的创新精神和实践能力。

法律保障：《中华人民共和国科学技术进步法》为科技创新提供了法律保障，强调了教育在科技进步中的基础性作用。

二、政策文件解读

科创教育在社会发展中扮演着多重角色。首先，它是提升国家科技竞争力的关键。通过科创教育，可以培养出一大批具备创新能力和实践技能的科技人才，为国家的科技创新提供源源不断的人才支持。

其次，科创教育是提高全民科学素质的有效途径。通过在学校教育中普及科学知识和科学方法，可以提高公众的科学素养，促进科学精神的普及，从而为社会的可持续发展奠定基础。

最后，科创教育还被视为推动教育现代化的重要力量。科创教育的推广和实施，不仅能够改革传统的教育模式，还能够促进教育技术的创新，提高教育的质量和效率。

此外，科创教育在促进社会公平方面也具有重要作用。通过为不同地区和不同背景的学生提供平等的科创教育机会，可以缩小教育资源的差距，促进社会的公平和谐。

通过对政策文件的深入解读，可以发现国家对科创教育的重视程度不断提升，政策文件中多次提及创新教育的重要性，并提出了具体的实施措施。

政策导向：政策文件强调了科创教育在国家战略中的地位，提出了一系列具体的教育改革措施，包括课程设置、教学方法、评价体系等方面的改革。

实施措施： 政策文件提出了加强师资培训、改善教学设施、增加实践环节等措施，以确保科创教育的有效实施。

预期目标： 政策文件预期通过这些措施，能够提高学生的科学素养，培养出具有创新精神和实践能力的人才，为国家的科技创新和经济发展做出贡献。

通过对这些政策文件的解读，可以看出国家对科创教育的重视，以及对教育改革的期望。这些政策文件为科创教育的发展提供了政策支持和方向指导，为教育工作者提供了行动指南。

第二节　研究创新教育的目的与意义

一、理论基础与实施策略

本书旨在为"灵创课堂"模式提供坚实的理论基础，并详细阐述其实施策略。作者通过对国内外创新教育理论的研究，结合自身丰富的教学实践，提出了一套完整的教学模式。

理论基础： 将介绍创新教育的理论基础，包括多元智能理论、建构主义学习理论、人本主义教育理论等，这些理论为"灵创课堂"模式提供了科学的理论支撑。

实施策略： 将详细介绍"灵创课堂"模式的实施策略，包括课程设计、教学方法、评价机制等，这些策略旨在将理论转化为具体的教学实践，以实现教学目标。

案例分析： 将提供一系列教学案例，展示"灵创课堂"模式在不同学科和学段的应用，通过案例分析，读者可以更直观地理解该模式的实施效果和操作流程。

二、教育工作者的参考价值

本书致力于为教育工作者提供实用的参考和指导。通过对"灵创课堂"模式的系统阐述，教育工作者可以了解如何在自己的教学中实施创新教育。

教学指导： 提供了具体的教学策略和活动设计，教育工作者可以根据这些指导在自己的课堂上培养学生的创造力。

专业发展： 本书的内容可以帮助教育工作者提升自己的专业素养，特别是在创新教育方面的知识和能力。

交流平台： 本书的出版将为教育工作者提供一个交流和分享经验的平台，促进教育工作者之间的相互学习和成长。

三、基础教育课程改革的推动

"灵创课堂"模式的提出和实施，将对基础教育课程改革产生积极的推动作用。

课程改革： 将探讨如何将"灵创课堂"模式融入现行的基础教育课程体系中，为课程改革提供新的思路和方法。

政策建议： 将基于"灵创课堂"模式的实施效果，提出具体的政策建议，为教育决策者提供参考。

社会发展： 通过推动基础教育课程改革，培养出更多具有创新精神和实践能力的人才，为社会的可持续发展提供人力资源支持。

预期通过相关内容的撰写，能够实现理论创新、实践指导和政策建议三大目标，为加强科学教育和创造力培养提供支持，为教育决策提供参考，最终促进学生的创新能力和实践能力的全面提升。

第三节　目标与影响

一、理论创新

"灵创课堂"模式的提出，旨在实现教育理论上的创新，为科创教育提供新的理论支撑。

理论框架： 将构建一个以学生为中心的创新教育理论框架，强调学生的主体性、创造性思维和实践能力的培养。

教育模式创新： 通过"灵创课堂"模式，作者提出了一种新的教育模式，该模式突破了传统的教学模式，更加注重学生的个性化发展和创新能力的培养。

跨学科整合： 将探讨如何将科学、技术、工程、艺术和数学（STEAM）等跨学科内容融入"灵创课堂"中，实现跨学科知识的整合和创新。

二、实践指导

本书将为教育工作者提供具体的实践指导，帮助他们在课堂上实施"灵创课堂"模式。

教学策略： 将提供一系列创新的教学策略，如项目式学习、探究式学习、合作学习等，这些策略旨在激发学生的创造力和实践能力。

活动设计： 将介绍如何设计和实施各种创新的教学活动，如科学实验、技术制作、创意艺术等，这些活动能够让学生在实践中学习科学知识和技能。

案例分析： 通过具体的教学案例分析，将展示"灵创课堂"模式在不同学科和学段的应用效果，为教育工作者提供实践参考。

三、政策建议与教育决策参考

基于"灵创课堂"模式的实施效果，提出具体的政策建议，为教育决策提供参考。

政策建议： 本书将提出加强科创教育的政策建议，包括课程改革、师资培训、教学设施改进等方面，以促进科创教育的发展。

教育决策参考： 将为教育决策者提供决策参考，帮助他们了解"灵创课堂"模式的优势和实施效果，从而在教育政策制定中予以考虑。

社会发展贡献： 通过推动科创教育的发展，预期为社会的可持续发展培养更多的创新人才，为国家的科技进步和经济发展做出贡献。

总而言之，期望通过本书相关的探讨研究，能够实现理论创新、实践指导和政策建议三大目标，为加强科学教育和创造力培养提供支持，为教育决策提供参考，最终促进学生的创新能力和实践能力全面提升。

第二章 灵创课堂的理论基础

第一节 灵创课堂的定义

一、灵创课堂的定义

灵创课堂是一种以培养学生创新力和创造力为核心的教育模式。在这种课堂中，教师通过创设开放性的问题情境，激发学生的好奇心和探究欲，引导学生主动参与、积极思考，从而实现知识的内化和能力的提升。灵创课堂强调通过灵活多样的教学方法，激发学生的好奇心和探索欲，鼓励学生主动思考和解决问题。

二、打造灵创课堂的重要性

在教育领域，创新力和创造力的培养是至关重要的。创新力的培养不仅涉及知识的传授，还包括批判性思维、问题解决能力和持续学习的能力。创造力则涉及发散性思维、联想能力和想象力的培养。

第二节 灵创教育目标与价值

一、灵创课堂的教育目标

灵创课堂的教育目标是多维度的，旨在培养学生的综合素质。首先，它强调知识的内化，即学生不仅要掌握知识，还要能够理解和应用这些知识。其次，它注重能力的提升，包括批判性思维、团队合作、沟通能力和自我管理能力。

灵创课堂的教育目标所需的关键技能包括学习与创新技能、信息媒体与技术技能、生活与职业技能。灵创课堂通过项目式学习、探究式学习和合作学习等教学方法，帮助学生发展这些技能。

灵创教育旨在培养学生的创新精神和创造力，这不仅有助于学生掌握学科知识，更能够促进其全面发展。

二、灵创教育的核心价值

灵创教育的核心价值体现在以下几个方面：

个性化发展： 尊重每个学生的个性和特长，鼓励他们根据自己的兴趣和能力进行学习。

批判性思维： 培养学生的批判性思维，使他们能够独立分析问题并提出解决方案。

实践能力： 通过实践活动，提高学生将理论知识应用于解决实际问题的能力。

终身学习能力： 激发学生的自主学习兴趣，培养他们终身学习的能力。

灵创课堂的实施需要教师具备高度的专业素养和创新教学能力，同时也需要学校提供相应的教学资源和环境支持。通过灵创教育，学生能够在轻松愉悦的氛围中，实现知识与能力的双重成长。

第三节　灵创课堂的理念

一、学生中心

灵创课堂将学生置于学习的中心，鼓励他们根据自己的兴趣和需求进行探索和学习。

二、问题导向

通过提出具有挑战性的问题，引导学生进行深入思考和创新实践。

三、跨学科融合

鼓励学生将不同学科的知识进行整合，以培养他们的综合思维能力。

四、实践与体验

强调通过实际操作和亲身体验来学习，让学生在实践中发现问题并寻找解决方案。

五、合作与交流

鼓励学生之间的合作与交流，通过团队合作来共同解决问题，培养他们的沟通能力和团队精神。

第四节　灵创课堂的特点

一、灵活的教学方法

采用多样化的教学手段，如项目式学习、探究式学习、翻转课堂等，以适应不同学生的学习风格。

二、创新的教学内容

不断更新和丰富教学内容，引入最新的科研成果和社会发展趋势，保持教学内容的前瞻性和创新性。

三、个性化的学习路径

为学生提供个性化的学习资源和指导，帮助他们根据自己的兴趣和能力发展个性化的学习路径。

四、开放的学习环境

创造一个开放和包容的学习环境，鼓励学生自由表达和探索，尊重每个学生的想法和创意。

五、持续的评估与反馈

采用多元化的评估方式，如自我评估、同伴评估、项目展示等，及时给予学生反馈，帮助他们不断进步。

第五节　灵创课堂实施现状分析

一、国内灵创教育的发展概况

国内灵创教育在近年来得到了快速发展，成为推动教育创新的重要力量。灵创教育的核心理念是培养学生的创新精神和实践能力，通过跨学科的教学方式，激发学生的创造力和探索精神。

政策支持： 国家层面出台了一系列政策，鼓励学校开展灵创教育，如《中国教育现代化2035》提出的"融合发展"行动方向，为灵创教育提供了政策保障。

学校实践： 众多学校积极响应政策号召，通过建立创新实验室、开展项目式学习等方式，将灵创教育融入日常教学中。据不完全统计，超过60%的中小学已经在不同程度上实施了灵创教育相关课程或活动。

二、灵创课堂的实践情况

灵创课堂在不同教育阶段展现出多样化的实践形态，体现了教育的个性化和差异化需求。

1. 基础教育阶段

在小学和初中阶段，灵创课堂多以兴趣小组、创新实验等形式存在，重点培养学生的基础创新意识和动手能力。例如，金陵中学通过"三个助手"平台，实现了数字化转型教学实践，覆盖了初中六至九年级及高一年级的多个学科。

2. 中等教育阶段

在高中阶段，灵创课堂更注重学生创新思维和问题解决能力的培养。一些学校通过开设创新实验室、组织科技竞赛等活动，为学生提供了实践创新的平台。深圳职业技术学院构建了"三平台、六环节"的专创融合实践教学模式，有效提升了学生的实践能力和创新能力。

3. 高等教育阶段

高校在灵创教育方面更加注重理论与实践相结合，通过科研项目、创新工作坊等形式，培养学生的高阶创新能力。一些高校还与企业合作，推动学生的创新成果向实际应用转化。

通过上述分析，可以看出灵创课堂在国内教育体系中的实施现状是积极向好的，但仍存在发展不均衡、资源配置不均等问题，需要进一步优化和完善。

第六节　科创教育理念概述

科创教育是一种新兴的教育理念和模式，旨在通过科学、技术、工程、数学和艺术等多学科的知识与技能，激发学生的创新精神和实践能力。它强调跨学科的整合，以项目式、实践和创新的方法来解决现实问题，培养学生的创新思维和团队合作能力。

一、定义

科创教育，即科学创新教育，是一种注重培养学生科学素养、创新能力和实践技能的教育模式。科创教育通常包括科学、技术、工程、艺术和数学（STEAM）的融合，通过实践活动和项目导向的学习，促进学生的创新能力和科学精神。它强调跨学科的学习和实践，鼓励学生通过动手操作、实验探究、项目实践等方式，将理论知识与实际问题相结合，以培养他们的创新思维和解决问题的能力。科创教育通常包括以下几个方面：

（1）科学素养。培养学生对科学知识的理解和掌握，包括科学原理、科学方法和科学态度。

（2）创新思维。激发学生的好奇心和想象力，训练他们的发散性思维和批判性思维，鼓励他们提出新颖的想法和解决方案。

（3）实践技能。通过实验、制作、编程等活动，提高学生的动手操作能力和技术应用能力。

（4）跨学科学习。结合科学、技术、工程、艺术和数学（STEAM）等多个学科的知识，促进学生综合素质的发展。

（5）项目式学习。通过参与实际的项目或挑战，让学生在解决真实问题的过程中学习和应用知识。

（6）合作学习。鼓励学生进行团队合作，培养他们的沟通能力、协作能力和领导能力。

（7）技术应用。利用现代信息技术和工具，如3D打印、机器人、编程软件等，增强学生的学习体验和创新实践。

（8）创业教育。在一些科创教育项目中，还会涉及创业教育，培养学生的市场意识、风险评估和创业精神。

二、目标

科创教育的目标是为学生提供一个全面发展的平台，使他们能够适应未来社会的需求，成为具有创新精神和实践能力的未来人才。在全球范围内，科创教育正逐渐成为教育改革的重要方向，许多学校和教育机构都在积极探索和科创教育采用项目式学习、探究式学习和合作学习等多种教学方法，激发学生的主动性和创造性。涵盖基础科学知识、前沿科技动态、创新方法论及跨学科的综合应用。

科创教育旨在培养学生的综合能力，包括科学知识的理解、技术的运用、创新思维的形成及解决实际问题的能力。

三、现状

1. 国内情况

（1）政策支持。

中国政府高度重视科创教育，通过政策和法规来推动科创教育的发展，例如《全民科学素质行动规划纲要（2021—2035年）》和《关于加强新时代中小学科学教育工作的意见》等。

《全民科学素质行动规划纲要（2021—2035年）》：提出要提升基础教育阶段的科学教育水平。

《教育部等十八部门关于加强新时代中小学科学教育工作的意见》：提出一体化推进教育、科技、人才高质量发展。

《中华人民共和国科学技术进步法》：鼓励科技创新和科学教育。

（2）教育实践。

许多学校和教育机构正在探索科创教育的实践，通过课程改革、教学方法的改进，以及与企业和研究机构的合作，为学生提供实践机会。

TEAM教育研究：研究如何将STEAM教育融入课堂教学，提升学生的创新能力和科学精神。

科创教育有效性研究：探讨如何提升科创教育的有效性，提出创新意识与创新能力的复合培养。

科创教育与创新能力发展研究：研究科创教育对学生创新能力的影响。

（3）资源建设。

国家和地方政府投资于科学实验室、科技馆、创新平台的建设，为学生提供丰富的学习资源。

（4）教师培养。

加强科学教师的培训和专业发展，提升教师的科创教育能力。

（5）学生参与。

鼓励学生参与科学竞赛、创新项目，培养学生的创新能力和科学精神。

2. 国际情况

（1）教育模式。国际上，科创教育同样受到重视，STEAM教育模式在全球范围内被广泛采纳。

（2）课程融合。许多国家的学校和教育机构将STEAM理念融入课程设计，鼓励学生进行跨学科学习。

（3）技术应用。利用人工智能、虚拟现实等技术手段，提高学生的学习动机和学习效果。

（4）评价体系。建立科学的评价体系，鼓励学生的创新思维和实践能力。

科创教育作为一种教育理念，得到了国内外的广泛认可和实践。中国政府通过政策和法规来推动科创教育的发展，并在教育实践中取得了一定的成效。未来，科创教育将继续作为培养创新人才的重要途径，为国家的科技发展和人才培养做出贡献。

第七节　科创教育与创造力培养的关系

科创教育与创造力培养之间存在着密切的内在联系。科创教育不仅为学生提供了一个探索科学和技术的平台，而且通过实践操作、问题解决和创新思维的培养，为学生的创造力发展提供了坚实的基础。科创教育的实施，通过激活学生的创新内驱力、推动课程改革、实现教育现代化和培养创新人才，有效地促进了学生创造力的提升。

科创教育在创造力培养中的重要性体现在多个方面。首先，它促进了学生的创新思维发展，通过跨学科的课程设计和实践操作，为学生提供了一个多元化的学习环境。其次，科创教育强化了学生的实践操作能力，通过参与科学实验、技术制作和工程实践等活动，学生能够将理论知识应用于实际问题解决中。最后，科创教育提升了学生的问题解决技巧，通过项目式学习、问题导向学习等教学模式，培养学生分析问题、提出假设、设计实验和验证结果的能力。

一、激活创新内驱力

科创教育通过创设真实问题情境，引导学生在探究与实践过程中"像科学家一样做科学"，培养学生的科学思维和创新素养。这种教育方式能够激活学生的创新内驱力，即学生内在的创造性张力，促使他们达到更高的创新素养水平。

二、推动基础教育课程改革

科创教育作为基础教育课程改革的催化剂，推动了综合学习、探究式学习、操作实践等教育理念的实施。通过设立跨学科主题学习活动，加强学科间相互关联，带动课程综合化实施，强化实践性要求，为学生的创造力培养提供了更为丰富的土壤。

三、实现教育现代化

科创教育是实现社会主义教育现代化的加速器。它通过培养学生的科学素养，提升全民科学素质，为国家的科技创新和人才培养提供了基础性支撑。

四、培养创新人才

科创教育通过扩充科创师资队伍，提高教师科创素养，落实科创三级课程，打造科创特色品牌，变革科创教学方式，建设科创实践基地等措施，为学生的创造力培养提供了多元化的平台和资源。

实践案例表明，科创教育在培养学生的创造力方面发挥了重要作用。例如，西南大学附属中学校通过构建创新教育课程体系、建设创新实验室和开展自然笔记活动，提升了学生的科学素养和创新能力。成都师范学校附属小学万科分校通过创客教育硬件建设和课程开发，培养了学生的动手能力和创新思维。华东师范大学第二附属中学则通过开设科技创新教育课程和组织高校科学营活动，激发了学生的科研兴趣和创新精神。

未来的科创教育应当继续强化学生的创新思维、实践操作能力和问题解决技巧的培养。同时，应当进一步优化科创教育的实施路径，加强师资队伍建设，完善课程体系，建设更多的实践基地，并寻求更多的政策支持与资金投入。此外，还应当鼓励学校、家庭和社会的合作，共同推动科创教育的发展，为学生的创造力培养提供更加丰富的资源和平台。通过这些措施，科创教育将能够更好地适应未来社会的需求，培养出更多具有创新精神和实践能力的人才。

第八节 创造力的心理学基础

灵创课堂的理论基础首先建立在对创造力心理学的研究上。心理学家如吉尔福特（J.P. Guilford）和托伦斯（E.P. Torrance）对创造力的研究表明，创造力不仅仅是智力的体现，它还涉及个性特质、认知风格和动机等因素。灵创课堂强调为学生提供心理安全的环境，鼓励他们自由探索和表达创意。

一、认知心理学视角下的创造力

1. 认知过程

创造力的认知过程包括但不限于以下几个方面：

发散思维： 发散思维是创造力的核心，它涉及在解决问题时生成多种可能的解决方案。发散思维的测量通常通过测试个体在特定时间内能产生多少独特想法来进行。

聚合思维： 与发散思维相对，聚合思维是指从多个可能性中选择最佳解决方案的能力。聚合思维要求个体能够评估和选择最有效的策略。

联想思维： 联想思维是将不同的想法或概念联系起来的能力。这种能力有助于个体在不同领域之间建立联系，从而产生创新的想法。

2. 认知风格

认知风格是指个体在信息处理时所偏好的方式。例如，一些研究表明，具有高创造力的个体往往表现出更高的认知灵活性，他们能够更容易地在不同概念之间切换，并从多个角度审视问题。

3. 工作记忆与长期记忆

工作记忆在创造力中扮演着重要角色，它负责临时存储和操作信息。具有高创造力的个体通常拥有更好的工作记忆能力，这使得他们能够同时处理多个信息片段，并在此基础上生成新的想法。长期记忆则为创造力提供了必要的知识基础，个体能够从长期记忆中提取相关信息，用于创新思维的过程。

4. 动机与情绪

动机是推动个体进行创造性活动的重要内在因素。高度的内在动机与创造力正相关，因为这种动机能够促使个体投入更多的时间和精力去探索和尝试新的方法。此外，情绪也对创造力有显著影响，积极的情绪状态如愉悦和兴奋能够提高个体的创造力水平。

创造力是人类智慧的一种体现，它涉及认知、情感、个性和社会互动等多个心理学领域。以下是对创造力心理学基础的详细阐述。

创造力的认知心理学基础。创造力，作为一种复杂的认知能力，历来受到心理学家的广泛关注。认知心理学视角下的创造力研究，主要关注个体如何生成新的想法、解决问题及创新思维的过程。本章节将从认知心理学的角度探讨创造力的定义，并分析其构成要素和影响因素。

二、影响创造力的认知因素

1. 知识储备

知识储备是创造力的基础。个体必须具备足够的领域相关知识,才能在该领域内产生创新的想法。知识的深度和广度都对创造力有积极的影响。

2. 思维定势

思维定势是指个体在思考问题时所倾向采用的固定模式。它可能限制创造力的发展,因为定势思维往往导致个体忽视新的可能性,坚持使用传统的方法和观念。

3. 元认知技能

元认知技能是指个体对自己的认知过程的认识和调控能力。具有高创造力的个体通常能够更好地监控和调整自己的思维过程,从而更有效地生成创新的想法。

4. 社会文化因素

社会文化环境对个体的创造力也有重要影响。一个鼓励创新、容忍失败的社会文化环境能够为个体提供更多的生发创造性思维的机会和资源。

三、认知过程与创造力

1. 发散思维与创造力

发散思维是衡量创造力的关键指标之一。根据托伦斯(E.P. Torrance)的研究,发散思维的测试可以揭示个体在面对问题时产生新颖解决方案的能力。一项涉及 500 名学龄前儿童的纵向研究发现,那些在发散思维测试中得分较高的儿童,在成年后更有可能在科学、艺术和商业领域取得创新成就。此外,发散思维与大脑的默认模式网络(Default Mode Network)活跃度有关,这一网络在个体进行自由联想和内省时尤为活跃,表明思维的自由流动性与创造力密切相关。

2. 聚合思维与创造力

与发散思维相对,聚合思维在创造力中同样扮演着重要角色。聚合思维涉及从多个选项中筛选出最合适的解决方案。一项针对企业高管的研究表明,成功的创新者不仅发散思维能力强,而且在聚合思维上也表现出色,能够有效地将创新想法转化为实际的产品和服务。聚合思维的高效运用能够提升创新项目的成功率，因为它涉及批判性思维和决策制定，这是将创意实现为创新成果的关键步骤。

3. 联想思维与创造力

联想思维是创造力的另一个重要组成部分，它涉及将看似不相关的概念或信息联系起来，从而产生新的想法。例如，一项对艺术家和科学家的研究发现，他们在解决问题时，往往能够跨越不同领域进行联想，这种跨界联想能力是他们创新能力的关键。此外，联想思维的训练，如通过类比和隐喻的方式，可以显著提高个体的创造性思维能力。

4. 认知灵活性与创造力

认知灵活性是指个体在不同概念、情境和观点之间切换的能力。具有高认知灵活性的个体在面对问题时能够从多个角度进行思考，这有助于他们发现问题的新解决方案。一项涉及300名大学生的实验发现，通过特定的认知灵活性训练，如解决多步骤问题和转换思维任务，可以显著提高他们的创造力水平。

5. 工作记忆与长期记忆在创造力中的作用

工作记忆和长期记忆在创造力过程中起着至关重要的作用。工作记忆负责临时存储和操作信息，而长期记忆则提供了个体进行创新所需的知识和经验。一项对不同专业背景的创新者的研究发现，他们在工作记忆任务中的表现与他们的创新成果数量呈正相关。此外，长期记忆的丰富性也为创新提供了素材，使个体能够将过去的经验与当前的问题结合起来，产生新的解决方案。

6. 动机、情绪与创造力

动机和情绪对创造力的影响不容忽视。高度的内在动机能够激发个体的创造性潜能，使他们更愿意投入时间和精力去探索新的想法。同时，积极的情绪状态，如快乐和兴奋，能够提高个体的创造力水平。相反，负面情绪可能会抑制创造性思维。一项对500名员工的调查显示，那些报告高工作满意度和内在动机的员工在创新项目中的表现更为出色。

认知过程在创造力的发展中扮演着核心角色。从发散思维到聚合思维，从联想思维到认知灵活性，再到工作记忆与长期记忆的协调运作，这些认知过程共同构成了创造力的认知基础。同时，动机和情绪作为重要的调节因素，影响着这些认知过程的发挥。理解这些认知心理学基础对于设计有效的创造力培养策略至关重要。

四、人格特质与创造力

1. 人格特质对创造力的影响

人格特质对个体的创造力有着显著的影响。研究表明，具有开放性人格特质的个体在创造力测试中表现更为突出。开放性人格特质的个体更愿意接受新事物，对变化持积极态度，这使得他们在面对问题时能够从多个角度进行思考，从而产生创新的想法。

2. 开放性与创造力

开放性是与创造力正相关的人格特质之一。具有高开放性的个体通常表现出更高的创造力水平。一项涉及1000名成年人的研究发现，开放性得分高的个体在创造性思维测试中的表现比得分低的个体高出约20%。这表明开放性人格特质为个体提供了更广阔的思维空间，使他们能够自由地探索和尝试新的想法。

3. 其他人格特质与创造力的关系

除了开放性，其他人格特质如外向性、神经质和尽责性也与创造力有一定的关联。外向型个体由于其社交能力和积极性，可能在团队合作和头脑风暴中表现出较高的创造力。而神经质较高的个体可能在情绪管理和压力应对方面存在挑战，这可能影响他们的创造性表现。尽责性个体的计划性和组织能力有助于他们将创新想法转化为实际行动。

4. 人格特质与创造力的交互作用

人格特质之间的交互作用也对创造力产生影响。例如，高开放性和高尽责性的组合可能特别有利于创造力的发展，因为这种组合既提供了创新的思维空间，又具备将想法实现的行动力。类似地，高外向性和低神经质的组合可能有助于个体在社交互动中产生和分享新想法，同时保持情绪稳定，从而提高创造力。

5. 人格特质的可塑性与创造力培养

人格特质并非完全固定不变，它们在一定程度上是可塑的。通过特定的训练和干预措施，如认知行为疗法、正念冥想和个性化的反馈，可以促进个体在某些人格特质上的发展，从而提高其创造力水平。教育者和组织领导者可以利用这一发现，通过设计相关的培训和实践活动来培养和提高个体的创造力。

五、动机与情绪状态

1. 动机的理论基础

动机是推动个体从事某项活动的内在心理过程，它直接关联到个体的创造力表现。根据动机理论，个体的动机水平可以显著影响其认知功能，包括创造力。动机可以从两个维度进行分类：内在动机和外在动机。内在动机源自个体内部，如兴趣、好奇心和自我实现的需求；而外在动机则由外部因素引起，如奖励、认可和社会压力。

2. 动机与创造力的关系

研究表明，高度的内在动机与创造力正相关。当个体因为对任务本身的兴趣而参与其中时，他们更有可能展现出创造性思维。例如，一项针对400名科学家的调查发现，那些主要受内在动机驱动的科学家在其研究领域内产出了更多的创新成果。相反，过度依赖外在动机可能导致创造力的下降，因为这种动机可能导致个体过分关注结果而非过程，从而限制了思维的开放性和灵活性。

3. 情绪状态与创造力

情绪状态对创造力的影响同样不容忽视。积极的情绪状态，如快乐、兴奋和满足感，能够促进认知灵活性和思维的流畅性，从而提高创造力。例如，一项实验室研究发现，在积极情绪诱导后，参与者在创意生成任务中的表现显著优于中性情绪诱导的参与者。相反，消极的情绪状态，如焦虑和抑郁，可能会抑制创造力，因为它们可能导致认知资源的消耗和注意力的分散。

4. 情绪调节与创造力的优化

情绪调节能力是指个体管理和调整自己的情绪状态的能力。具有高情绪调节能力的个体更有可能在面对挑战和压力时保持积极的情绪状态，从而维持和提高其创造力水平。教育和工作环境应当鼓励和培养个体的情绪调节能力，以促进创造力的发挥。例如，通过提供心理支持、压力管理和情绪表达的培训，可以帮助个体更好地应对负面情绪，从而优化其创造力表现。

综上所述，动机和情绪状态对个体的创造力有着重要的影响。内在动机和积极的情绪状态有助于提高创造力，而外在动机和消极的情绪状态可能对创造力产生不利影响。因此，为了培养和提高个体的创造力，重要的是要创造一个支持内在动机和积极情绪的环境，并帮助个体发展情绪调节能力。

六、环境因素与创造力

环境因素在创造力的发展和表现中扮演着至关重要的角色。从心理学的角度来看，环境不仅包括物理空间，还涉及社会文化背景、教育体系、工作条件等多个层面。这些因素共同影响个体的创造性思维和行为。

1. 社会文化环境与创造力

社会文化环境对创造力的影响是深远的。一个开放、包容、鼓励创新的文化环境能够激发个体的创造性潜能。例如，一项跨文化比较研究发现，那些生活在鼓励个人表达和创新的社会中的个体，在国际创造力测试中的表现更为突出。此外，文化中的价值观、信仰和传统也会影响个体对创新的接受度和参与度。

2. 教育环境与创造力

教育环境是影响个体创造力发展的关键因素之一。一个以学生为中心、鼓励探索和质疑的教育体系能够促进学生的创造性思维。研究表明，采用启发式教学方法、提供多样化的学习资源和鼓励学生自主学习的教育环境，能够有效提高学生的创造力水平。相反，过于强调记忆和重复的教育方式可能会抑制学生的创造性思维。

3. 工作环境与创造力

工作环境对个体的创造力同样具有重要影响。一个支持性、灵活、允许失败的工作氛围能够激发员工的创新精神。例如，一项对500名科技行业员工的调查显示，那些在鼓励创新、提供足够资源和支持的公司工作的员工，其创新成果的数量和质量均显著高于那些在传统、保守的工作环境中工作的员工。

4. 物理环境与创造力

物理环境，如工作和学习空间的设计，也会影响个体的创造力。研究表明，一个充满刺激、灵活多变、允许个性化定制的物理环境能够促进创造性思维。例如，一个充满自然光线、色彩丰富、具有可调节家具的工作环境，能够提高员工的工作满意度和创造力表现。

5. 家庭环境与创造力

家庭环境对儿童和青少年的创造力发展具有决定性的影响。一个支持性、鼓励探索、提供多样化活动的家庭环境，有助于培养孩子的创造性思维。父母和家庭成员的参与、鼓励和支持，对孩子的创造力发展至关重要。研究表明，父母参与度高、鼓励孩子独立思考和探索的家庭，其孩子的创造力水平显著高于那些在传统、权威型家庭环境中成长的孩子。

综上所述，环境因素在个体创造力的发展和表现中起着至关重要的作用。一个支持性、开放、鼓励创新的环境能够有效促进个体的创造性思维和行为。因此，为了培养和提高个体的创造力，重要的是要创造一个积极的社会文化环境、教育体系、工作条件和家庭氛围。

七、创造力的测量与评估

创造力的测量与评估是心理学研究中的一个复杂议题。它涉及对个体创造性潜能的定量和定性分析。有效的测量和评估方法能够帮助我们更好地理解创造力的本质，以及如何通过教育和训练提升个体的创造力。

1. 创造力测量的理论基础

创造力的测量理论基础主要来源于认知心理学、人格心理学和社会心理学。认知心理学家如吉尔福特（J.P. Guilford）和托伦斯（E.P. Torrance）提出的理论模型强调了发散思维、聚合思维、联想思维等认知过程在创造力中的作用。人格心理学家则关注个体的特质，如开放性、好奇心和冒险精神，这些特质被认为与创造力正相关。社会心理学家研究了社会和文化环境对创造力的影响，指出一个支持性和鼓励创新的环境能够促进个体的创造性表现。

2. 创造力的测量工具

创造力的测量工具多种多样，包括心理测验、行为观察、产品评估等。其中，托伦斯创造思维测验（TTCT）是一种广泛使用的测量工具，它通过评估个体的发散思维能力来衡量创造力。测验包括多个维度，如流畅性、灵活性、原创性和精致性，每个维度都能反映个体在特定认知过程中的表现。

3. 创造力评估的方法

创造力评估通常包括自我报告问卷、专家评分和情境测试等方法。自我报告问卷通过个体对自己的创造力进行评价来收集数据，但可能受到社会期望偏差的影响。专家评分则是由领域内的专家对个体的创造性作品或表现进行评估，这种方法更加客观，但可能受限于专家的主观性。情境测试则是将个体置于特定的问题解决情境中，观察其创造性表现，这种方法能够提供关于个体实际创造力的直接证据。

4. 创造力测量的挑战

创造力测量面临的挑战包括确保评估的信度和效度、处理评估过程中的主观性问题，以及跨文化差异的影响。为了提高评估的准确性，研究者需要采用多种方法和工具，进行多角度的测量，并结合定量和定性分析。

5. 创造力测量的应用

创造力测量和评估在教育、组织管理和个人发展等多个领域都有广泛的应用。在教育领域，创造力评估可以帮助教师识别学生的创造性潜能，并设计相应的教学策略来培养这些潜能。在组织管理中，创造力评估可以用于选拔和培养具有创新精神的员工。在个人发展方面，创造力评估可以帮助个体了解自己的创造性优势和劣势，从而进行针对性的自我提升。

综上所述，创造力的测量与评估是一个多维度、多层次的复杂过程。通过采用科学严谨的测量工具和评估方法，我们可以更准确地理解和培养创造力。

第九节　建构主义学习理论

建构主义学习理论认为知识是通过学习者主动建构而非被动接受的。在灵创课堂上，教师作为引导者，设计丰富的学习活动，让学生在实践中建构知识，发展创造力。建构主义学习理论认为知识不是被动接受的，而是学习者通过与外部环境的互动和内部认知过程主动构建的。以下是对建构主义学习理论的详细阐述。

一、建构主义学习理论的起源与发展

建构主义学习理论起源于20世纪初，由瑞士心理学家让·皮亚杰（Jean Piaget）和苏联心理学家列夫·维果茨基（Lev Vygotsky）等人发展而来。皮亚杰的认知发展理论强调个体通过同化和顺应过程来构建知识，而维果茨基的社会文化理论则强调社会互动在认知发展中的作用。

二、建构主义学习理论的核心观点

建构主义学习理论的核心观点包括：

主动建构： 学习者不是被动接受知识，而是通过自己的经验和认知结构主动构建知识。

社会互动： 学习是一个社会化过程，学习者通过与他人的交流和合作来构建知识。

情境学习： 知识是在特定的社会和文化情境中构建的，学习应该与实际情境相结合。

知识动态性： 知识不是静态的，而是随着学习者经验的增长和认知结构的变化而不断发展的。

三、建构主义学习理论在教育中的应用

在教育实践中，建构主义学习理论的应用体现在：

学生中心： 教育活动以学生为中心，强调学生的主体性和参与性。

协作学习： 鼓励学生通过小组讨论、合作项目等方式进行学习，以促进知识的共同建构。

情境教学： 设计真实或模拟的学习情境，让学生在情境中探索和解决

问题。

反思性学习： 鼓励学生对自己的学习过程和结果进行反思，以促进深层次的认知加工。

四、建构主义学习理论的挑战与批评

尽管建构主义学习理论在教育领域具有广泛的影响力，但它也面临着一些挑战和批评。

知识客观性： 建构主义强调知识的主观性，但忽视了知识在一定程度上的客观性和普遍性。

教师角色： 建构主义对教师角色的界定不够明确，有时可能导致教师在教学过程中的作用被削弱。

评价体系： 建构主义学习理论对传统的评价体系提出了挑战，需要发展新的评价方法来评估学生的创造性和批判性思维。

建构主义学习理论为灵创课堂提供了重要的理论基础，它强调学习者的主动参与和知识的建构过程。在灵创课堂中，教师和学生共同构建知识，通过协作和反思性学习来促进创造力的培养。

第十节　多元智能理论

多元智能理论由霍华德·加德纳（Howard Gardner）在1983年提出，它认为人类智能是多元化的，而不是单一的、可量化的能力。灵创课堂通过多样化的教学方法，满足不同学生的需求，促进他们在各自优势智能领域中的创造性发展。

一、多元智能理论的核心观点

多元智能理论认为，人类拥有多种不同类型的智能，这些智能在每个人身上的表现和组合方式各不相同。加德纳最初提出了七种智能，后来增加到了八种，提出每个人在不同的维度上有不一样的发展，例如一个人在某一领域智力不佳，但可能在另一领域有着很强的天赋。这一理论的提出打破了当时以语言能力和数理逻辑为智能的核心。加德纳认为人的智力是

多元的，彼此之间相互联系，而每一个个体中可能某几种能力特别突出，需要因材施教，教育的作用是将其"开发"出来。包括以下几个方面：

语言智能：涉及语言理解和表达的能力，如阅读、写作和口语交流。指学习语言和使用文字的能力，表现为听说读写四个方面，可以看懂文字，能清晰地表达自己的意思。

逻辑－数学智能：涉及逻辑推理、数学运算和科学分析的能力。指数学的运算能力，和逻辑思维的推理的能力，表现为对数字非常敏感，有比较强的逻辑思维能力。

空间智能：涉及对空间关系的理解和图像化思维的能力。指空间感知能力，表现为能明确物体间的距离，物体的位置方向，以及创造空间的能力。

身体－运动智能：涉及身体协调、运动技能和身体表达的能力。指对肢体的控制和能否完成比较精密的肢体动作的能力，表现为身体的平衡感，是否能运用双手创造事物。

音乐智能：涉及音乐创作、演奏和欣赏的能力。指对音乐的敏感、节奏的掌握和对音乐的欣赏和表达的能力。能轻松区分音色、音调的能力。

人际智能：涉及理解他人、社交互动和团队合作的能力。指与人交流沟通的能力，表现为与人和睦相处，人际能力等方面，包括组织力，协商能力。

内省智能：涉及自我认识、自我反思和个人成长的能力。指能正确地评价自己，并对未来有明确方向的能力，表现为有自知之明，能客观地看待自己。

自然观察智能：涉及对自然世界的理解和与环境互动的能力，指对自然世界特征辨认清楚，以及可以辨别生物的能力。表现为可以处理自然界和人类社会的关系。

二、多元智能理论在教育中的应用

多元智能理论对教育实践产生了深远的影响，它鼓励教育者认识到每个学生都有独特的智能组合，教师应该在充分了解每位学生的不同能力后，根据其不同的优势，教亦多术，将能力不同的学生安排到小组不同的位置，发挥学生长处，共同努力，完成学习目标。在教学的过程中，也要尽可能地发展学生这八项不同的能力，丰富教学内容，培养每位学生不同的智能，在开发不同智能的同时也可以让学生接触不同分工，让学生从不同的角度思考问题，从而培养学生的创造力。

个性化教学： 教师可以根据学生的智能特点设计不同的教学活动，以满足不同学生的需求。

多元化评估： 教育评价不再仅仅依赖传统的笔试，而是采用多种方式，如项目、表演、作品等，来评估学生的多元智能。

跨学科学习： 多元智能理论鼓励跨学科的教学方法，让学生在不同领域中发挥自己的智能优势。

创造力培养： 通过多元智能的培养，学生能够在各自优势智能领域中发挥创新思维和创造力。

三、多元智能理论的挑战与批评

尽管多元智能理论在教育领域受到了广泛的关注和应用，但它也面临着一些挑战和批评。

评估难度： 多元智能的评估比传统的智力测试更为复杂，需要更多的时间和资源。

智能界限： 一些批评者认为多元智能之间的界限模糊，难以明确区分。

教育实践： 在实际教学中，教师可能难以完全实现对所有智能的均衡发展和评估。

多元智能理论为灵创课堂提供了重要的理论支持，它强调了教育的个性化和多元化。通过理解和应用多元智能理论，教育者可以更好地培养学生的创造力和创新能力。

第十一节　人本主义学习理论

人本主义学习理论起源于二十世纪五六十年代的美国，是心理学领域中的一个重要流派。这一理论的核心在于强调个体的自我实现和整体性，认为每个人都有潜在的积极成长倾向。人本主义学习理论的代表人物包括亚伯拉罕·马斯洛（Abraham Maslow）和卡尔·罗杰斯（Carl R. Rogers）。

亚伯拉罕·马斯洛：以其著名的需求层次理论而闻名，他强调人的基本需求从低到高分为生理需求、安全需求、社交需求、尊重需求和自我实现需求。马斯洛认为教育的目标是帮助个体实现自我潜能，达到自我实现的最高需求层次。

卡尔·罗杰斯：他提出了"以学生为中心"的教学理念，认为教育应当关注学生的内在体验和个人意义，而非仅仅传授知识。罗杰斯的非指导性教学模式强调教师应作为学习的促进者，而非权威的知识传递者。

人本主义学习理论的核心在于以下几个要点：

自我实现： 认为每个人都有实现自身潜能的内在动力，教育应当为个体提供实现自我潜能的条件。

整体性： 强调人是一个整体，学习不仅仅是认知的过程，也包括情感和行为。

学生中心： 主张教育应当以学生的需求、兴趣和经验为中心，教师的角色是支持和促进学生的学习过程。

意义学习： 罗杰斯区分了认知学习和经验学习，认为有意义的学习是与个人经验相结合的学习，能够促进个体的整体发展。

无条件积极关注： 罗杰斯认为教师应当无条件地接纳和关注学生，为学生提供一个安全、支持的学习环境。

自我评价： 学生应当参与到学习评价过程中，自我评估学习成果，这有助于学生成为自主的学习者。

在《灵创课堂与创造力培养》一书中，黄强老师和李伟娟老师会将人本主义学习理论应用于灵创课堂的构建中，强调学生的主体性、创造性和个性化发展，以及教师在促进学生自我实现过程中的支持作用。通过这样的教学模式，学生能够在一个充满尊重和理解的环境中发展自己的创造力和批判性思维能力。

第十二节　生本教育理念

生本教育是一种以学生为中心的教育模式，强调学生的主体地位和自主学习能力。它是由华南师范大学博士生导师郭思乐教授主持开展的，旨在推动教育从传统的"师本教育"向"生本教育"转变。

生本教育是以"一切为了学生，高度尊重学生，全面依靠学生"为宗旨的教育理念，郭思乐教授在其著作《教育走向生本》一书中说：我们所做的，全都要通过儿童自己去最后完成。让儿童取得真正意义上的主体地位，最大限度地依靠儿童的内部自然来进行教育或教学。他的主要主张是教育要实现从"师本教育"向"生本教育"的转化。即把教育的起点从为了教师的好教而设计的教育转为为了学生的好学而设计的教育，强调学生在教学过程中好学状态的形成。为学生学习积极性的提升和其自身的综合健康发展打好基础，以实现学生活泼、积极、主动、健康地发展。生本教育理念为新课堂模式的构建指出了方向。基于此教育理念下的教学就是教师在课堂上发挥组织引导的作用，学生在教师的组织和引导下进行自主学习，采用个人、小组、班级的各种方式的自主学习。这与本文中提到的"灵创课堂"模式里独学－对学－群学的理念是一致的。"灵创课堂"模式强调把课堂还给学生，让学生成为课堂的主人，教师在教学过程中应该尊重学生，以学生为本，以生本教育理念为指导，调动学生的学习积极性。李伟娟教师在课堂教学中扮演引导者的角色，以独学－对学－群学的步骤引导学生参与课堂。学生是课堂活动的主体，在教师的引导下，学生通过交流合作的方式进行新知探究、课堂操练、知识总结等环节，以小组展示的方式呈现学生的学习成果。"灵创课堂"模式就是在生本教育理念的基础上开展的课堂改革实践。

一、理论基础

生本教育的理论基础包括以下几个方面：

儿童观： 认为儿童天生具有学习潜能，是教育教学中最重要的学习资源。

教师观： 教师应成为学生学习过程中的引导者和促进者，而非单纯的知识传递者。

教学观： 教学应以学生自主学习为主，鼓励学生主动探究和实践。

评价观： 提倡减少或取消频繁的统一考试，将评价的主动权还给学生或教师，鼓励学生自然成长。

德育观： 认为学生的美好学习生活是德育的基础，通过课堂教学让学生体验和感悟真善美。

二、实践应用

生本教育理念在实践中的具体应用包括：

课堂教学： 采用小组合作、讨论、探究等多样化的教学方式，激发学生的学习兴趣和主动性。

课程设计： 设计贴近学生生活和兴趣的课程内容，让学生在实践中学习和成长。

评价方式： 采用多元化的评价方式，如自我评价、同伴评价等，减少对标准化考试的依赖。

德育实施： 通过课堂教学和校园文化活动，培养学生的道德品质和社会责任感。

生本教育在国内外产生了广泛的影响，被认为是一种具有强大生命力的现代教育理念和方式。它有助于培养学生的创新精神和实践能力，促进学生的全面发展。同时，生本教育也面临着一些挑战，如教师角色的转变、评价体系的改革等。

生本教育理念强调学生的主体地位和自主学习能力，倡导教师作为引导者和促进者的角色，通过多样化的教学方式和评价方法，促进学生的全面发展。虽然在实践中面临一些挑战，但生本教育仍然具有重要的现实意义和广泛的应用前景。

第十三节 创新教育理论

创新教育理论强调教育应培养学生的创新精神和实践能力。创新教育理论强调教育不仅仅是知识的传递，更是创新思维和创造力的培养。灵创课堂通过项目式学习、问题解决、批判性思维训练等活动，培养学生的创新意识和创新能力。

教育技术的发展为灵创课堂提供了新的可能性。利用信息技术和互联网资源，灵创课堂能够为学生提供个性化的学习路径和丰富的学习体验。

一、创新教育理论的核心观点

创新教育理论认为，教育应该超越传统的知识传授模式，注重培养学生的创新能力和创造力。这一理论的核心观点包括：

学生中心： 教育应以学生为中心，关注学生的个性化需求和创造性潜能的发挥。

问题导向： 教育应以问题为导向，鼓励学生通过解决问题来学习和创新。

实践结合： 教育应与实践紧密结合，通过实践活动来培养学生的创新思维和实践能力。

跨学科学习： 教育应鼓励跨学科学习，促进学生在不同领域之间的知识和技能的整合。

评价多元化： 教育评价应多元化，不仅评价学生的知识掌握，还要评价学生的创新能力和创造力。

二、创新教育理论在教育中的应用

创新教育理论在教育中的应用体现在以下几个方面：

课程设计： 课程设计应注重培养学生的创新思维和创造力，如通过项目式学习、探究式学习等。

教学方法： 教学方法应多样化，如翻转课堂、协作学习、案例教学等，以激发学生的创新兴趣。

教师角色： 教师应从知识的传递者转变为学习的引导者和创新的促进者。

学习环境： 学习环境应支持创新，如提供开放的学习空间、丰富的学习资源和灵活的学习时间。

教育政策： 教育政策应支持创新教育的实施，如提供创新教育的经费支持和政策指导。

三、创新教育理论的挑战与对策

尽管创新教育理论在教育领域具有广泛的应用前景，但也面临着一些挑战：

教师专业发展： 教师需要更新自己的专业知识和教学技能，以适应创新教育的要求。

资源分配： 创新教育需要更多的教育资源，如教学设施、教学材料和技术支持。

评价体系： 传统的评价体系可能无法有效评价学生的创新能力和创造力，需要建立新的评价体系。

教育公平： 创新教育应确保所有学生都能受益，避免因资源不均而导致的教育不公。

创新教育理论为灵创课堂提供了重要的理论支持，它强调了教育的创新性和创造性。通过实施创新教育理论，我们可以培养出更多具有创新精神和创造力的人才。

第十四节 教育技术的应用

教育技术的发展为灵创课堂提供了新的可能性。利用信息技术和互联网资源，灵创课堂能够为学生提供个性化的学习路径和丰富的学习体验。教育技术的应用已经成为推动教育现代化的重要力量，它涉及教学方法、学习方式、评价体系和教育管理等多个方面。

一、教育技术的应用现状

教育技术的快速发展为教育领域带来了革命性的变化。以下是对教育技术应用现状的详细阐述。

1. 在线学习平台

随着互联网的普及，在线学习平台如 MOOCs、教育 App 和虚拟课堂已经成为学习的重要渠道。这些平台提供了丰富的学习资源和灵活的学习方式，使得学习不再受时间和地点的限制。

2. 智能教学系统

智能教学系统利用人工智能技术，如自然语言处理和机器学习，为学生提供个性化的学习路径和实时反馈。这些系统能够根据学生的学习行为和成绩，自动调整教学内容和难度。

3. 虚拟现实和增强现实

虚拟现实（VR）和增强现实（AR）技术为学生提供了沉浸式的学习体验，尤其在科学实验、历史场景重现和语言学习等领域。

4. 教育大数据分析

教育大数据分析技术可以帮助教师和教育管理者更好地理解学生的学习行为和成效，从而提供更有针对性的教学支持和干预。

5. 教育机器人

教育机器人作为教师的辅助工具，可以承担一些重复性和标准化的工作，如作业批改、知识问答等，让教师有更多的时间和精力投入创造性教学和学生个性化指导中。

二、教育技术面临的挑战

尽管教育技术的应用前景广阔，但也面临着一些挑战。

1. 技术与教育的深度融合

如何将教育技术与教育内容、教学方法和教育管理深度融合，是当前教育领域面临的一个重要问题。

2. 教师的专业发展

教师需要具备一定的教育技术素养，才能有效地利用教育技术进行教学和教育管理。

3. 资源分配

教育技术的研发和应用需要大量的资金和人力资源，如何合理分配这些资源，是教育领域需要考虑的问题。

4. 伦理和隐私问题

教育技术在教育领域的应用，可能会涉及学生的个人隐私和数据安全问题，需要制定相应的伦理规范和隐私保护措施。

教育技术的应用为灵创课堂提供了重要的理论支持，它强调了教育的个性化和智能化。通过实施教育技术，我们可以培养出更多具有创新精神和创造力的人才。

三、教育技术的未来发展

未来的教育技术将更加注重技术与教育的深度融合，推动教育模式的创新，提高教育质量，实现教育公平。同时，也需要关注教育技术在教育中的应用伦理、数据安全和隐私保护等问题。

教育技术的不断进步正在重塑教育的面貌，为学习者提供更加丰富和多元的学习体验。

第十五节　教育评价的多元化

教育评价的多元化是对传统单一评价模式的超越，它强调从多个角度和层面对学生的学习和发展进行评价。传统的教育评价往往侧重于标准化测试，而灵创课堂倡导多元化的评价方式，包括过程评价、同伴评价、自我评价等，以全面评价学生的创造力发展。

一、教育评价多元化的内涵

教育评价的多元化不仅仅是评价方法的多样化，更重要的是评价内容、评价主体和评价目的的多元化。这种多元化的评价体系能够更全面地反映学生的学习成就、能力和潜力，促进学生的全面发展。

1. 评价内容的多元化

评价内容的多元化意味着评价不仅仅局限于学生的知识和技能掌握，还包括学生的创造力、批判性思维、沟通能力、团队合作精神等非认知能力。这种评价内容的扩展有助于学生在多个维度上得到认可和发展。

2. 评价主体的多元化

评价主体的多元化强调评价过程应该涉及多个参与者，包括教师、学生、家长和社区成员等。每个主体都能从不同的角度提供对学生学习和发展的评价，使得评价结果更加全面和客观。

3. 评价方式的多元化

评价方式的多元化包括定性评价和定量评价的结合，如自我评价、同伴评价、项目评价、表现评价等。这种多样化的评价方式能够更好地适应不同学生的学习风格和需求，提高评价的有效性。

二、教育评价多元化的实践

在实践中，教育评价的多元化可以通过以下几种方式实现。

（1）项目式学习评价。通过学生在项目中的参与度、合作情况和最终成果来评价学生的综合能力。

（2）表现评价。通过观察学生在真实或模拟情境中的表现来评价学生的实际能力。

（3）同伴评价和自我评价。鼓励学生相互评价和自我反思，提高学生的自我认知和批判性思维能力。

（4）电子档案袋。建立学生的电子档案袋，记录学生学习过程中的关键作品和成就，全面反映学生的成长轨迹。

三、教育评价多元化的挑战

尽管教育评价多元化具有明显的优势，但在实施过程中也面临着一些挑战。

（1）评价标准的制定。如何制定科学、合理的评价标准，确保评价的公正性和有效性。

（2）教师专业发展。教师需要具备多元化评价的设计和实施能力，这要求教师进行持续的专业发展。

（3）评价结果的解读和应用。如何正确解读多元化评价结果，并将其应用于教学改进和学生指导。

教育评价的多元化是灵创课堂的重要组成部分，它有助于培养具有创新精神和创造力的人才。通过实施多元化的评价体系，我们可以更全面地了解学生的学习和发展情况，为学生的个性化学习和未来发展提供支持。

第三章　创造力重要性与教育现状

在 21 世纪的今天，创造力已成为衡量一个国家竞争力的重要指标。随着全球化和信息化时代的到来，社会对于具有创新思维和创造能力的人才的需求日益增长。教育，作为培养未来社会成员的重要途径，正面临着前所未有的挑战和机遇。传统的教育模式往往侧重于知识的传授和技能的训练，而忽视了学生创造力的培养。然而，随着社会对创新人才的需求日益增长，教育系统必须进行深刻的变革，以培养出更多具有创新精神和创造力的人才。

在这一背景下，中国政府高度重视教育数字化和科技创新，将其视为推动教育现代化和实现可持续发展的关键。教育部部长怀进鹏在 2024 世界数字教育大会上提出，中国将从联结为先、内容为本、合作为要的"3C"走向集成化、智能化、国际化的"3I"，以扩大优质资源共享，推动教育变革创新。此外，国家还推动了 STEM 教育与数字化、人工智能与教育的整合，以培养适应数字时代的现代化人才。

尽管中国在教育信息化和智能化方面取得了显著进展，但仍面临一些挑战。例如，技术应用的有效性、适切性、合理性尚需进一步细化；智能教育的个性化诊断与培养需要更加精细化的设计；以及如何在保护学生隐私和数据安全的前提下，合理利用教育数据等问题。

本章将探讨创造力在教育中的重要性，并分析当前中国教育体系在培养人才创造力方面的现状和挑战。我们将首先讨论创造力的定义和价值，以及它在个人和社会中的作用。接着，我们将介绍国家在科创教育方面的战略部署，以及人工智能技术在教育领域的应用。最后，我们将识别当前教育体系中存在的问题，并讨论如何在现有体系中融入创造力培养。

第一节 创造力的理论框架

创造力是个体产生新颖独特、具有社会价值的产品的能力或特性。在教育领域，创造力的培养对于激发学生的创新思维和解决问题的能力至关重要。本节将介绍创造力的定义、构成要素及与创新思维的关系，并探讨国内外关于创造力培养的理论研究成果。

一、创造力的定义

创造力（Creativity）源自拉丁语"creare"，意为"创造、创建、生产、造成"。它指的是在缺乏先前条件下生成新事物的能力和特质。现代心理学将创造力视为一个多维度的概念，涉及新颖性、适宜性和价值性。

创造力是个内涵丰富的词汇，它是以创造性思维能力为核心的智能。对于创造力的定义，由于侧重点不同，国内外学者有不同的看法：

国外学者一般从人格、认知过程等角度对创造力进行定义，心理学家吉尔福特从人格角度提出"创造力是指最能代表创造性人物特征的各种能力"。美国心理学家斯滕伯格认为创造力是一种提出或产生具有新颖性和适切性工作成果的能力。托兰斯从创造性的过程角度，把创造力定义为"意识到困难、问题、信息缺口、成分的缺失的过程，对此进行猜想，形成假设，进行修订和再验证，最终形成结论的过程"。在国内，众多学者也进行了创造力的研究，林崇德提出创造力是根据一定的目的，运用一切已知信息，产生出某种新颖、独特、具有社会意义或个人价值的产品的智力品质。并且提出要培养创造性人才，要进行创造性教育，着重培养学生的创造性思维。

从国内外学者对创造力的定义上看，对创造力的研究都是从创造性的个人、过程、产品和环境这四个方面进行的。同时，都提出创造力有新颖性、变通性、独特性、一定价值等特征。但是越来越多的学者主张，创造力不仅仅表现为产生了新颖且有价值的结果，个体投入那些以产生创新性成果为目的的活动，也是创造力的重要表现形式

创造力，通常被定义为产生新颖和有价值想法的能力。它不仅仅是一种思维能力，更是一种综合的心理过程，涉及知识的吸收、智力的运用、

个性品质的展现，以及对新事物的创造。创造力是人类特有的一种本领，它在艺术、科学、技术等多个领域中都发挥着至关重要的作用。

二、构成要素

关于创造力的构成，国外学者普遍围绕创造力人格的角度进行研究。吉尔福特（1950）提出创造性包括独立性、求知欲、好奇心、善于观察、准确性、想象力、幽默感、专注性等人格特征。与其相似，格林也从人格角度认为创造力是由知识、自学能力、好奇心、观察力、记忆力、客观性、怀疑态度、专心致志、恒心、毅力十个要素构成的。

艾曼贝尔（1983）提出了创造力组成成分理论，她认为一般创造力、特殊创造力和任务动机是创造力构成的主要成分，并强调任务动机的核心作用。该研究强调动机对创造力发展的作用。斯滕伯格（1988）在自身关于智力三元理论的研究基础上扩展并阐述了创造力是由智力、知识、思维风格、动机、人格和环境六个要素构成的。在各类有关创造力结构的研究中吉尔福特的研究最具有典型性，他认为创造力的构成包括敏感性、流畅性、灵活性、独创性、再定义性和洞察性六个方面。马斯洛依据人本主义理论，将创造力视为马斯洛需要层次理论中最高级的自我实现理论的必备特征，将创造力分为自我实现的创造力和特殊才能的创造力两个方面。这与阿瑞提（1976）年对创造力的划分相似。美国心理学家威廉姆斯（1990）认为应当培养具有冒险性、好奇心、想象力、挑战性的创造性人才。同时他还提出创造力的培养应当从创造性的认知和情意两个方面进行。费尔德胡森（1995）综合性地提出创造力包括知识基础、元认知技能和人格因素三个方面。具体来讲，他认为产生创造产品应依赖以下这三个成分，即创造性人才应该具备一个广泛的流畅性和对特定领域精通的技能，还有一套加工新信息的元认知技能，以及一系列的态度、秉性、动机等人格因素。关于创造性力构成的研究由于研究方向和角度的不同，关于创造力的构成，学者们有着各自的要素结构，通过研究发现，国外研究主要是从创造性人格角度对创造力的结构进行划分的。

1. 创新性

创新性是创造力的首要构成要素，它涉及产生新颖独特想法的能力。在心理学和创新管理领域，创新性通常与以下几个方面相关。

新颖性： 创新性的核心是产生与众不同的想法或解决方案。根据特蕾莎·M·阿马比尔的研究，新颖性是评估创造性产出的关键维度之一。

原创性： 原创性强调的是想法的独创程度，即这些想法是否是个体独立思考的结果，而非简单的模仿或复制。

价值： 创新性不仅仅是产生新想法，更重要的是这些想法要具有一定的实用价值或社会价值。

数据显示，创新性与个体的认知风格、知识结构和思维方式紧密相关。例如，一项针对 500 名工程师的调查显示，那些在工作中表现出高创新性的个体，往往具有更广泛的知识背景和更开放的思维模式。

2. 适应性

适应性是指个体在面对新情况或挑战时，能够灵活调整自己的思维和行为的能力。在创造力的研究中，适应性被认为是实现创新性的关键因素之一。

灵活性： 适应性强的个体能够从不同的角度看待问题，并在必要时调整自己的策略。

多样性： 适应性还包括能够利用多种资源和方法来解决问题，这要求个体具备跨领域的知识和技能。

学习与成长： 适应性还涉及个体从经验中学习并不断成长的能力，这对于持续的创新至关重要。

研究表明，适应性与个体的开放性人格特质、积极的应对策略和成长心态有关。例如，一项对企业高管的研究发现，那些表现出高适应性的领导者更能够引领企业在不断变化的市场环境中取得成功。

3. 问题解决能力

问题解决能力是创造力的另一个重要构成要素，它涉及识别问题、生成解决方案并实施这些方案的能力：

识别问题： 这是创造力的起点，要求个体能够准确识别问题的本质和关键所在。

生成解决方案： 在识别问题后，个体需要能够生成多种可能的解决方案，这需要发散性思维和创新性。

评估与选择： 个体需要能够评估不同的解决方案，并选择最合适的方案来实施。

实施与调整： 最后，个体需要将选定的解决方案付诸实践，并在实施过程中根据反馈进行调整。

根据一项涉及多个行业的研究，问题解决能力与个体的工作经验、专业知识和决策能力有关。数据显示，那些在问题解决能力上得分较高的个体，往往在职业生涯中取得了更多的创新成果。

综上所述，创造力的构成要素包括创新性、适应性和问题解决能力。这些要素相互关联，共同作用于个体的创造性表现。通过理解这些要素，我们可以更好地培养和提升个体的创造力。

三、创造力与创新思维的关系

创新思维是创造力的核心组成部分，它涉及发散思维、聚合思维等认知过程。发散思维表现为思维的流畅性、变通性和独特性，而聚合思维则涉及利用已有知识解决问题的过程。

1. 关系

（1）创新思维是创造力的表现形式。创新思维可以看作创造力在思考和问题解决过程中的具体表现。它不仅仅是提出新的想法，还包括实际执行和应用这些想法。

（2）创造力是创新思维的基础。创新思维需要创造力作为基础，以产生新颖和独特的思想。没有创造力，创新思维就缺乏新颖性。

（3）相互促进。创新思维可以激发和提升个体的创造力，而创造力的增强又可以进一步促进创新思维的发展。

（4）共同目标。两者的共同目标是产生有价值的新思想、产品或解决方案。

2. 影响因素

知识储备： 丰富的知识和经验是产生创造力和创新思维的基础。

思维定势： 定势思维可能限制创造力和创新思维的发展。

动机： 强烈的创造动机和求知欲可以激发创造力，推动创新思维。

环境因素： 一个鼓励尝试、容忍失败、倡导创新的环境有助于创造力和创新思维的发展。

四、创造力的价值

创造力是人类特有的一种能力，它不仅仅是一种思考方式，更是一种生活态度和文化精神。创造力的价值体现在多个方面，从个人成长到社会发展，从经济进步到文化繁荣，创造力都扮演着不可或缺的角色。

1. 创造力与个人成长

（1）个人表达和自我实现。创造力是个人表达和展示自己的重要方式。通过创造性的活动，如绘画、写作、音乐等，个人能够表达内心的想法和情感。这种自我表达的过程有助于个人探索自我、发展潜能，实现自我价值。

（2）增强问题解决和决策能力。创造力培养了人们的问题解决和决策能力。它激发人们寻找多样化的解决方案，并能够灵活地应对复杂的情况和变化。创造力使人们更具洞察力和前瞻性，能够预见并解决问题，做出明智的决策。

（3）职业竞争力的提升。在现代职场中，创造力是一项重要的竞争优势。具备创造力的个人更有可能在工作中表现出色，并在职业发展中获得更多机会。创造力可以帮助个人在职场中脱颖而出，创造新的价值和机会。

2. 创造力与社会和经济发展

（1）创新驱动发展。创造力是创新的基础。在科技、商业、教育等不同领域，创造力推动着新的想法、产品、服务和解决方案的出现。创新是推动社会发展和经济增长的关键因素，而创造力是创新的源泉。

（2）促进文化多样性。创造力促进了文化多样性的发展。不同的文化背景和社会环境激发了人们的创造性思维，从而产生了丰富多样的文化表达形式，如艺术作品、文学作品、音乐和电影等。这种多样性是社会活力和社会和谐的重要体现。

（3）应对复杂挑战。现代社会面临着众多复杂挑战，如环境保护、公共卫生、社会公正等问题。创造力为解决这些问题提供了新的思路和方法。通过创造性地思考和行动，社会能够找到更加有效和可持续的解决方案。

3. 创造力与教育

（1）培养未来人才。教育系统越来越重视创造力的培养。在快速变化的世界中，创造力是未来人才的关键能力之一。通过鼓励创造性思维和实践，教育可以帮助学生适应未来社会的需要，培养他们成为创新者和领导者。

（2）终身学习。创造力也是终身学习的核心。在知识更新迅速的时代，持续学习和创新能力是个人职业发展和生活质量的重要保障。创造力激发个人不断探索新知识，掌握新技能，从而保持竞争力。

4. 创造力与人工智能

（1）AI与人类创造力的协同。人工智能的发展为人类创造力提供了新的工具和平台。AI可以辅助人类进行数据分析、设计原型和解决问题，从而扩展人类的创造潜力。同时，AI的创造力也在艺术、音乐和文学等领域展现出独特的价值。

（2）探索创造力的新领域。AI的创造力表现在某些方面超越了人类，如在处理大量数据和执行复杂计算方面。AI的创造力为人类提供了新的视角和灵感，推动了对创造力本质的深入探索。

创造力的价值远远超出了单纯的经济利益，它是个人成长、社会进步和文化繁荣的重要动力。在快速变化的世界中，创造力是适应未来挑战、实现可持续发展的关键。无论是个人还是社会，都应该重视和培养创造力，以实现更加丰富和有意义的未来。

五、创造力发展趋势研究

国内外关于创造力发展特征的研究尚未抽象出创造力的具体特征，更多的是对发展趋势的研究，国外关于创造力发展趋势的研究最早始于托兰斯，他使用创造性思维测验（TTCT）开展研究，托兰斯（1968）发现创造力始于个体人生的早期阶段，学龄开始（6岁左右）出现下降，小学四年级出现大幅度下降，后恢复发展。该研究认为创造力的发展存在"四年级低谷"现象，潼次武夫以小学五年级学生为研究对象，也发现创造力在四年级时存在明显下降。"四年级低谷"得到了许多研究的证实。然而也有研究者得出相反的结论，查尔斯和伦科（2001）通过对小学三到五年级三个年级的学生的测验发现语言创造力在四年级时达到高峰。

还有研究认为创造力的发展呈线性趋势，即随着年龄的增长，创造力发展水平也随之提高。研究发现创造性人格如冒险性、好奇性等会随年级的上升而上升。阿尔方索·贝尼利乌尔和桑托斯（2016）的研究结果与其一致，发现小学一到六年级的创造力随年龄增长不断上升。贝桑松（2006）通过编故事和画画等综合任务的方法测量，发现6~11岁儿童的创造力水平呈线性增长趋势，但是运用发散思维的任务测量时又发现创造力水平是随年龄增长呈下降趋势。由此可以发现创造力测量的领域不同会影响创造力的测量结果。还有研究者克兰朋（2012）运用聚合交叉研究对不同教育系统的国家进行发展趋势的研究，结果发现创造力的发展趋势存在显著差异。有学者如斯滕伯格（1995）、艾曼贝尔（1996）等以汇向聚合理论，提出创造力发展趋势的研究是由认知、环境等综合因素的影响而形成的。研究表明创造力的发展趋势具有复杂性的特征。

通过对国外关于创造力发展趋势的研究发现，创造力的研究由于理论基础、研究领域及教育系统和测量工具的不同，研究者对创造力发展趋势的研究结论并不一致。总体发展水平上呈上升趋势，但发展过程中存在波动，在不同时期存在高峰期与低谷期。因此在对小学生创造力发展的趋势进行研究时，应遵循创造力发展的复杂性特征，采取综合性的研究。并且应明确自身研究的领域与测评方法的应用。

六、创造力对学生未来发展的影响

创造力对学生未来发展的影响是多方面的，它不仅关系到学生的个性发展和学业成就，还直接影响到他们未来的职业适应能力和生活质量。

1. 个性发展

（1）促进自我表达。创造力是学生个性发展的重要组成部分。通过创造性活动，学生能够表达自己的想法和情感，从而促进自我认知和自我表达能力的发展。

（2）增强解决问题的能力。创造力鼓励学生从不同角度看待问题，并提供独特的解决方案。这种能力可以帮助学生在面对复杂问题时展现出独创性和创新性。

（3）培养开放性思维。创造力的培养有助于学生形成开放性思维，愿意接受新想法和不同的观点，这对学生的个性发展和社会适应都非常重要。

2. 学业成就

（1）提高学习动机。当学生被鼓励进行创造性思考时，他们的学习动机往往会得到增强。内在动机的提升能够激发学生更深入地探索学科内容。

（2）促进批判性思维。创造力与批判性思维紧密相关。学生在创造性活动中学习如何评估和改进自己的想法，这对批判性思维的发展至关重要。

（3）增强学习成果。具有创造力的学生往往能够以新颖和有效的方式应用所学知识，这有助于提高他们的学业成绩和学习成果。

3. 职业适应能力

（1）增强就业竞争力。在职场中，创造力是一项宝贵的资产。具有创造力的员工更有可能产生创新的想法，改进工作流程，提高工作效率。

（2）促进终身学习。创造力的培养有助于学生形成终身学习的习惯。在快速变化的工作环境中，能够不断学习新技能和知识的人更具竞争优势。

（3）适应未来职业变化。随着科技的发展，许多职业正在发生变化。具有创造力的人才更能适应这些变化，甚至在新兴领域中创造新的就业机会。

4. 生活质量

（1）提高生活满意度。创造力不仅可以应用于工作，还可以用于个人生活中。具有创造力的人更有可能找到新颖的方法来解决问题，从而提高生活满意度。

（2）促进心理健康。创造性活动可以作为一种压力缓解工具，有助于学生发展健康的心理应对机制。

（3）增强社会参与。创造力还可以鼓励学生参与社会活动，通过艺术、志愿服务和其他形式的创造性表达为社区做出贡献。

举例：

例如，一位学生通过创新思维设计了一款新的应用程序，该应用程序能够提高人们的学习效率。这个创新不仅为学生赢得了学术奖项，也为未来的职业生涯打下了坚实的基础。另一位学生通过创造性地结合传统艺术和现代技术，创作了一系列独特的艺术作品。这些作品在艺术界引起了广泛关注，为学生打开了新的职业道路。还有学生利用创造力设计了一项社会企业计划，旨在通过可持续的方式解决社区问题。这个计划不仅帮助了社区，也为学生提供了宝贵的创业经验。

创造力是学生未来发展的宝贵资产。通过灵创课堂的培养，学生能够发挥他们的创造潜能，为未来的学习、工作和生活做好准备。

七、从爱迪生身上看创造力

图 3-1 发明家爱迪生

爱迪生是一名伟大的发明家，他毕生发明了 1093 项专利技术。他发明的留声机、电影摄影机（独立于法国发明家皮埃尔）成为 20 世纪早期的印记，他改进的电灯灯丝和供电技术深远地影响着人类社会和历史发展。爱迪生曾经当过电报发报员，但他不满足于工作中使用的留声机只能记录下声音却无法回放播出声音的现状，他反复实验，摸索出用锡纸薄膜使留声机实现录制和回放功能的方法。

爱迪生的身上有许多异于常人的特点，留声机的发明说明他具有创新意识。爱迪生为了改进灯丝进行了上千次实验，说明他还具有锲而不舍的实践精神。创造力并不等同于智力，也不仅能体现人的知识水平的高低和丰富程度，它更是成功地完成某种创造性活动所必需的心理品质，是将知识、智力、能力及优良的个性品质等因素综合优化构成的。

创造力体现在各种各样的创造性活动中，既包括科学创造活动和技术创造活动，还包括艺术创造活动和思想创造活动。创新不仅需要具有创新意识、创新精神、创造性思维和创新方法，还要热爱创新，学会使用创新的工具，具有将创造力转化，实现为物化的能力。

案例：

中学生发明脚用鼠标

高二学生马同学在课余时间发明创造的"脚用鼠标"让残疾人也能用上电脑。马同学带着他的发明赴美参加国际最高水平和最具影响的科技竞赛——国际科学与工程大奖赛，并获得一等奖。脚用鼠标称得上电脑周边产品技术的巨大革新。脚操作的灵活性远不如手，因此要对脚用鼠标结构进行大幅改动。这项发明更可贵之处是少年发明者能打破常规，具有对全球普及的手用鼠标提出质疑的创新意识——意识到残疾人也有使用电脑的需要并从中产生发明的动力。

创新的机会无所不在，只要存在一项未被满足的需求，一项不完美的服务，一件不完善的产品，一个不能被解释的自然现象，就存在创新的机会与空间。但这样的机会却每天都在流走，跟人们擦肩而过。为什么呢？因为人们对身边的创新机会缺乏敏锐的触觉、嗅觉和主动的意识去把握和捕捉。创新意识是启发创新的第一步。

人的创造力是生来就有的，但受后天环境的影响很大。教育是激发学生创造力的重要手段，要创造合适的环境，让学生自发提升自己的创造力，不断去发现各类技术问题，寻找解决办法，并动手解决。坚持下去并养成创新的习惯，创造力就会不断提升。

要开发提高创造力，培养创造力，同学们需要为自己建立起培养和激发创造力的动力系统。它包括兴趣与好奇心，不满足现状和不迷信权威的态度，不怕艰苦、不怕失败的态度等。创新意识和创新精神都是激发创造力的动力系统。爱迪生说过："我没有一项发明是碰巧得来的。当看到了一个值得人们投入精力、物力的社会需求有待满足后，我就一次又一次地做实验，直到把想法化为现实。这最终得归于1%的灵感和99%的汗水。"这句话成为体现创新精神的名言。

案例：

小拉链头创造的价值

高一的李同学是同学眼中的发明家，他刚满16岁时凭借"一种新型的拉链头"获得了第27届全国青少年科技创新大赛一等奖。他对普通拉链头进行一定的改进，解决了拉链头拉出界致使封口袋报废的难题。李同学经常看到妈妈使用塑料封口袋，上面的拉链头由于没有遮挡，很容易就拉出界，使得封口袋报废，十分可惜。这件事情李同学看在眼里，他决心改进塑料封口袋拉链来改变这种情况。通过多次试验他发现，只需要在拉链扣上边加上一个小小的"L"形装置，就可以解决拉链头拉出界的问题。于是，他开始设计模具，并做出成品。后来，李同学进行了专利申请，此后该专利被应用在许多国际知名品牌的产品之中，每年都创造出不小的经济价值。

八、创造力发展的影响因素研究

创造力作为一个多维度概念，涉及多个关键维度，主要包括以下几个方面。

认知维度： 涉及个体的思维模式、知识结构和信息处理能力。在这一维度上，创造力与个体的智力水平、专业知识掌握、思维灵活性和问题解决策略紧密相关。

人格维度： 与个体的性格特征、动机和情感状态有关。具有高创造力的个体往往表现出对新事物的开放性、独立性、自信和冒险精神。

社会文化维度： 创造力的发展受到社会文化环境的影响，包括教育背景、社会规范、文化价值观和激励机制。一个支持创新和容忍失败的社会环境有助于创造力的培养和发挥。

环境维度： 涉及个体所处的物理和社会环境，包括工作和学习环境、可获得的资源和工具，以及与他人的互动。一个富有挑战性和支持性的环境能够激发个体的创造潜能。

过程维度： 创造力并非一蹴而就，而是一个涉及多个阶段的过程，包括准备、孵化、洞悉、评价和实施等阶段。这一维度强调了创造力发展的过程性和动态性。

创造力是一个复杂的心理现象，其发展受到个体内在因素和外部环境因素的共同影响。理解创造力的关键维度有助于我们更好地培养和利用这一重要的人类能力。

1. 个体层面的影响因素

（1）智力因素。智力是创造力发展的重要预测指标之一。根据斯滕伯格的三元智力理论，智力包含分析性智力、创造性智力和实践性智力三个维度。分析性智力涉及逻辑推理和问题解决，创造性智力与灵活思维和观念生成有关，而实践性智力则关联实际问题的应对策略。研究发现，高创造力个体往往在这三个智力维度上表现突出。

分析性智力： 拔尖学生的分析性智力显著正向影响其创造力发展，这一智力维度为创造性问题解决提供了基础。

综合性智力： 综合性智力被认为是创造性思维的关键，它涉及将不同观念整合成新颖想法的能力。

实践性智力： 实践性智力在创造成果的推广和应用中起到重要作用，它与个体在现实世界中实施创新的能力相关。

据调查，拔尖学生的智力与创造力发展之间存在显著的正相关关系。例如，一项针对"拔尖计划"学生的实证研究显示，智力因素中的实践性智力对创造力发展具有统计学意义上的边缘显著性，而分析性智力和综合性智力则没有显著影响。

（2）知识结构。知识是创造力发展的基石。个体的专业知识、交叉知识和通识知识构成了其知识结构，这些知识在创造性思维中发挥着重要作用。

专业知识：深入的专业知识为个体提供了必要的概念和原理，使其能够在特定领域内进行创新。

交叉知识：跨学科的知识有助于个体在不同领域间建立联系，促进新颖想法的产生。

通识知识：广泛的通识知识能够增加个体的背景信息，为其提供更多的创新素材。

研究表明，高创造力个体往往具有丰富的知识储备。例如，坦波的实证研究发现，高创造力个体需要的专业知识、交叉知识和通识知识在结构上具有理解性、有序性、整合性和实用性。然而，当前的教育模式往往偏重于专业知识的传授，而忽视了交叉知识和通识知识的重要性。

（3）思维风格。思维风格是个体运用智力和知识的一种倾向性，它影响着个体的创造性表现。创造性思维风格主要表现为探究性思维、批判性思维和发散性思维。

探究性思维：这种思维风格涉及对未知领域的好奇心和探索欲，是创造力发展的必要条件。

批判性思维：批判性思维使个体能够质疑现有观念和知识，推动知识的创新和进步。

发散性思维：发散性思维与创造性紧密相关，它涉及在解决问题时生成多种可能的解决方案。

据研究，拔尖学生的探究性思维、批判性思维和发散性思维对其创造力发展有显著正向影响。特别是敢于冒险的勇气，对促进拔尖学生创造力发展作用显著。这些思维风格不仅促进了知识的整合和应用，也为创新提供了动力。

2. 人格与动机

（1）人格特质。人格特质对创造力发展的影响至关重要。人格特质通过影响个体的情感、动机和行为方式，间接作用于创造力。研究表明，具有高创造力的个体往往在五大人格特质即开放性、神经质、外向性、宜人性和尽责性上表现出独有的特征。

开放性：开放性是预测创造力的最重要人格特质之一。开放性高的个体更愿意接受新事物，对不确定性和模糊性有更高的容忍度，这使得他们在面对创造性任务时更加自如。一项对"拔尖计划"学生的实证研究显示，开放性人格特质的学生在创造力发展上表现更佳。

神经质：神经质指个体情绪稳定性的缺乏。神经质高的个体往往情绪波动较大，这可能在一定程度上促进创造力，因为他们对环境的敏感性可能激发更多的思考和反思。然而，过高的神经质可能导致注意力分散和压力增加，从而对创造力产生负面影响。

外向性：外向性涉及个体的社交性和活跃度。外向性高的个体在社交互动中更加自信和活跃，这有助于他们在团队中发挥创造力，通过交流和合作产生新的想法。

宜人性：宜人性高的个体通常更加合作和体贴，这有助于在团队中建立积极的工作氛围，促进创意的交流和接受。

尽责性：尽责性涉及个体的自律性和目标导向性。尽责性高的个体在追求创造性目标时更有毅力和组织性，这有助于他们持续地投入努力并实现创新。

（2）内在与外在动机。动机是推动个体从事创造性活动的关键因素。内在动机和外在动机对创造力的影响机制不同，但都对创造力发展具有重要作用。

内在动机：内在动机源自个体内部，如兴趣、好奇心和自我实现的需求。内在动机能够使个体在创造性活动中保持高度的投入和持久性，从而提高创造力水平。阿马比尔的研究发现，当个体因内在兴趣而从事创造性任务时，其创造性表现更加出色。此外，内在动机能够增强个体对挑战的接受度，促进深入的思考和探索。

外在动机：外在动机来自外部因素，如奖励、评价和社会期望。外在动机对创造力的影响取决于其与任务的关联方式。当外在奖励与创造性任务的完成直接相关时，可能会增强个体的创造意图，从而提升创造力。然而，当外在奖励与任务完成度或结果挂钩时，可能会限制个体的创造性思维，因为它可能导致过度关注结果而非过程。拜伦和卡赞奇的元分析表明，基于创意新颖性的外在奖励能够激励个体追求新观念，从而促进创造力。

研究表明，内在动机和外在动机的结合能够最大化创造力的发挥。个体在内在兴趣的驱动下，同时受到外在环境的支持和鼓励，更有可能展现出高水平的创造性表现。教育者和组织管理者应当创造条件，激发和维持个体的内在动机，同时合理设计外在激励机制，以促进创造力的发展。

3. 社会与文化环境

（1）社会文化背景。社会文化背景对个体创造力的发展具有深远的影响。文化传统、社会价值观、社会结构和社会实践等因素共同构成了影响创造力的社会文化环境。

文化传统：不同的文化传统对创造力的重视程度不同。例如，西方文化强调个人主义和自我表达，鼓励创新和尝试，这有助于创造力的培养。而一些东方文化可能更注重集体主义和社会和谐，这可能在一定程度上限制了个体的创造性表达。根据中国人民大学的研究，传统文化中的一些元素，如对权威的尊重和对传统的维护，可能会抑制创新意识的形成。

社会价值观：社会对创新和创造性成就的评价也会影响创造力的发展。一个崇尚创新、奖励创造性贡献的社会环境能够激励个体追求创造性目标。例如，许多发达国家将提高国民素质作为教育改革的核心，这种政策导向有助于培养具有创造力的人才。

社会结构：社会结构，包括社会阶层、教育机会和职业结构，也会影响创造力的发展。一个开放、流动的社会结构能够为个体提供更多的机会去尝试新事物和探索未知领域，从而促进创造力的发挥。

社会实践：社会实践，如科研活动、艺术创作和商业创新，为个体提供了参与创造性活动的平台。这些实践活动不仅能够锻炼个体的创造技能，还能够通过社会互动和合作促进新思想的产生。

（2）教育体系与实践。教育体系和实践是培养创造力的关键因素。教育不仅传授知识，还培养学生的思维习惯、解决问题的能力和创新精神。

教育目标：现代教育越来越重视培养学生的创造力。例如，中国教育部在《义务教育课程方案（2022年版）》中提出，要培养学生的"探究能力和创新精神"，这表明创造力已成为教育的重要目标。

课程设计：创造力的培养需要特定的课程设计。综合课程，如STEAM教育（科学、技术、工程、艺术和数学的结合），通过跨学科的方式鼓励学生进行探索和创新。这些课程通常涉及动手实践、项目导向的学习和社会参与，有助于学生发展多方面的创造技能。

教学方法：教学方法对创造力的培养至关重要。以学生为中心的教学方法，如探究式学习和基于问题的学习，鼓励学生主动思考、提问和解决问题。这种方法能够激发学生的好奇心和创造力，使他们习惯于从不同角度看问题。

评估体系：传统的评估体系往往侧重于知识的掌握和标准答案，这可能限制学生的创造性思维。为了促进创造力的发展，评估体系需要更加灵活和多元，重视学生的创造性思维和问题解决能力。

学校文化：学校的文化和氛围对创造力的培养也起着重要作用。一个开放、包容和鼓励创新的学校文化能够为学生提供一个自由探索和表达创意的环境。学校可以通过举办科学节、艺术展览和创新竞赛等活动来培养学生的创造力。

综上所述，社会文化背景和教育体系与实践共同构成了影响创造力发展的重要外部环境。通过营造支持创新的社会文化氛围和实施以创造力为核心的教育实践，可以有效促进个体创造力的发展。

4. 创造力的测量与评估

创造力的测量与评估是心理学和教育学研究中的一个重要领域。随着对创造力重要性认识的加深，开发和应用有效的测量工具来评估个体的创造力水平变得越来越重要。

（1）创造力测量方法。创造力测量方法主要分为自我报告法、行为任务法和客观测试法。

自我报告法：这种方法通过问卷调查的方式，让个体自我评估其创造力水平。这种方法操作简单，成本较低，但可能受到个体自我评价偏差的影响。例如，卡森等人开发的 Creative Achievement Questionnaire（CAQ）就是一种自我报告法工具，它通过询问个体在不同领域的创造性成就来评估其创造力。

行为任务法：行为任务法要求个体完成特定的创造性任务，如绘画、写作或解决问题等，然后由专家或经过训练的评估者对任务结果进行评分。这种方法能够直接观察到个体的创造性表现，但可能受到评估者主观性的影响。例如，阿马比尔提出的同感评估技术（Consensus Assessment Technique, CAT）就是一种行为任务法，它通过专家对个体创造性作品的评估来测量创造力。

客观测试法：客观测试法通常采用标准化的心理测试来评估个体的创造力，如托伦斯创造性思维测试（TTCT）和南加利福尼亚大学创造性思维测试（CCTT）。这些测试通常包含一系列设计，用来激发个体创造性思维的问题和任务，然后根据预设的标准对个体的回答进行评分。客观测试法的优点是结果具有较高的信度和效度，但开发和维护这些测试需要专业的心理学知识和资源。

（2）评估工具与应用。评估工具的选择和应用需要考虑评估的目的、对象和环境。

评估工具的选择：在选择评估工具时，研究者和教育者需要考虑工具的适用性、信度、效度和实用性。例如，对于儿童的创造力评估，可能需要选择那些具有较高趣味性和适合儿童认知水平的工具。对于专业领域的创造力评估，如科学研究或艺术创作，则可能需要选择那些能够准确反映领域特定技能和知识的工具。

评估工具的应用：评估工具的应用需要结合具体的评估目的。在教育环境中，创造力评估可能用于学生的能力诊断、教学效果评估或个性化教学设计。在组织和企业中，创造力评估可能用于员工选拔、培训需求分析或创新项目管理。例如，企业可能会使用创造力评估工具来识别具有高创造潜力的员工，并为他们提供相应的培训和发展机会。

评估工具的发展趋势：随着心理测量学和人工智能技术的发展，创造力评估工具也在不断创新。例如，基于大数据和机器学习的评估工具能够提供更精细化的评估结果，而虚拟现实（VR）技术的应用则为创造力评估提供了新的互动方式和模拟环境。这些新兴工具的开发和应用，为创造力的测量和评估带来了新的可能性和挑战。

九、理论研究成果

吉尔福特的创造性思维理论：吉尔福特认为创造性思维是个体创造过程的具体表现，他将创造性思维分为流畅性、灵活性、独特性和精细性四个维度。

1. 托兰斯的创造性思维理论： 托兰斯将创造性思维细分为流畅度、灵活性、原创性和精细度等四个范畴。

2. 阿玛贝尔的内在动机理论： 阿玛贝尔认为，创造力是对一项开放性任务做出新颖而恰当的反应，进而形成产品或解决方案的能力。

3. 斯滕伯格的创造力投资理论： 斯滕伯格认为，创造性是个体利用其智力、知识、思维风格、人格、动机、环境等心理资源，对观念进行"低买高卖"的投资活动。

4.4C 模型： 考夫曼＆贝格托提出的 4C 模型将创造力分为微 C（Mini-C）、小 C（Little-C）、专业 C（Professional-C）和大 C（Big-C）四个层次。

5. 文化社会理论和系统理论： 这些理论将创造力视为个体与外部世界互动的过程，强调文化、社会环境和个体之间的相互作用。

通过这些理论框架，我们可以更好地理解创造力的本质，为后续的教学实践提供理论支撑，并为学生创造力的培养提供科学的方法和策略。

第二节　国家科创教育政策

一、教育数字化战略背景

1. 国际竞争与合作需求

在全球化的背景下，国际竞争与合作日益激烈，科技创新已成为衡量一个国家综合国力和国际影响力的重要指标。中国政府深刻认识到，教育数字化不仅是提升国民教育水平的必由之路，也是增强国际竞争力的关键手段。据世界知识产权组织发布的全球创新指数显示，中国的创新能力综合排名从2012年的第34位跃升至2023年的第12位，成为前30位中唯一的中等收入经济体。这一跃升在很大程度上得益于中国在教育数字化领域的积极探索和实践。

教育数字化的推进，使得中国能够在全球范围内吸引和培养顶尖人才，加强与其他国家在教育领域的交流与合作，共享优质教育资源，提升中国教育的国际影响力。同时，通过国际合作，中国也能够借鉴和吸收国际先进的教育理念和技术，推动国内教育改革和发展。

2. 国内经济社会发展需求

随着中国经济社会的快速发展，对高素质人才的需求日益增长。教育数字化战略的实施，旨在通过信息技术手段，提高教育资源的配置效率，促进教育公平，提升教育质量，满足经济社会发展对人才的多样化需求。根据《中国教育现代化2035》提出的目标，到2035年，中国将建成服务全民终身学习的现代教育体系，实现优质均衡的义务教育，全面普及高中阶段教育，显著提升职业教育服务能力和高等教育竞争力。

教育数字化还有助于缩小城乡、区域之间的教育差距，通过在线教育平台，将优质教育资源输送到偏远和贫困地区，实现教育资源的均衡分配。此外，教育数字化也促进了教育内容和教学方法的创新，更好地适应了新时代经济社会发展的需求。

3. 科技创新与产业变革需求

科技创新是推动产业变革的核心动力，而人才是科技创新的关键。中国政府高度重视 STEM 教育和人工智能与教育的整合，旨在培养具有创新精神和实践能力的现代化人才，以支撑科技创新和产业升级。据《STEM 教育 2035 行动计划》提出的六大行动举措，中国将构筑科技人才贯通培育新机制，构建高品质 STEM 课程和项目体系，开展 STEM 教育评价，创新 STEM 教师培训模式，推动 STEM 教育数字化建设，引领学习方式变革，强化 STEM 教育育人价值。

教育数字化战略的实施，不仅能够提升学生的科学素养和创新能力，还能够促进教育与产业的深度融合，为产业发展提供人才和技术支持。例如，通过数字化平台，学生可以接触到最新的科技动态和行业需求，教师可以与企业合作开发课程内容，学校可以与企业共建实验室和实训基地，共同培养符合产业需求的高素质人才。这些措施将为中国在全球科技竞争中赢得优势提供坚实的人才支撑。

二、教育部部长怀进鹏提出的 3C 到 3I 转变

1. 从联结为先到集成化

教育数字化战略的实施，标志着中国教育信息化发展进入了集成化的新时代。集成化不仅仅是技术的整合，更是教育内容、方法、管理等多方面的深度融合。根据《中国教育现代化 2035》的规划，到 2020 年，中国已全面实现"十三五"发展目标，教育总体实力和国际影响力显著增强。在此基础上，教育数字化将进一步推动教育现代化，实现教育资源的高效配置和优化整合。

集成化的目标是通过构建统一的数字教育平台，实现教育资源的集中管理和共享。据教育部数据显示，国家智慧教育平台已累计注册用户超过 1 亿，提供各类教育资源服务，覆盖基础教育、职业教育、高等教育等多个领域。

集成化的实施，将促进教育内容的创新和教学方法的改革。通过数字化手段，教师能够获取更丰富的教学资源，学生能够通过网络平台接触到更广泛的知识领域，从而提升教育质量和学习效果。

2. 从内容为本到智能化

智能化是教育数字化战略的核心，它涉及教育内容的创新、教学方法

的改革及教育管理的现代化。智能化的推进，将使教育更加个性化、精准化和高效化。

智能化的实施，将依托于大数据、人工智能等现代信息技术，对教育过程进行深度分析和智能决策。例如，通过学习分析技术，教师可以更准确地了解学生的学习进度和难点，从而提供更有针对性的教学支持。

智能化还将推动教育管理的现代化。利用智能技术，学校可以实现对学生出勤、成绩、行为等的实时监控和管理，提高教育管理的效率和质量。据教育部统计，通过智能化教育平台，学生的平均学习效率提高了20%以上。

3. 从合作为要到国际化

国际化是教育数字化战略的重要方向，它要求中国教育不仅要满足国内需求，还要积极参与国际竞争与合作，提升中国教育的全球影响力。

国际化的实施，将通过扩大教育开放，吸引更多国际学生来华留学，推动中国教育机构与国外教育机构的合作。根据教育部数据，中国已成为世界第三大留学目的地国，来华留学生人数逐年增加。

国际化还意味着中国教育要积极参与国际教育规则、标准、评价体系的研究制定，为全球教育治理贡献中国智慧。通过国家智慧教育平台国际版的建设，中国将与世界各国共享优质的数字化教育资源，推动全球教育的均衡发展。据不完全统计，中国已与100多个国家和地区建立了教育合作关系，共同开展了数百个教育合作项目。

三、教育数字化战略实施成效

1. 海量教育资源的汇聚与供给能力提升

教育数字化战略的实施，首先体现在海量教育资源的汇聚与供给能力的提升。国家智慧教育平台的建设，作为教育数字化战略的核心载体，已经取得了显著成效。据教育部数据显示，该平台已累计注册用户超过1亿，覆盖基础教育、职业教育、高等教育等多个领域，提供了包括课程资源、教学工具、学习材料等在内的丰富教育资源。

课程资源方面，平台已汇聚中小学课程资源8.8万条，职业教育在线精品课程超过1万门，高等教育优质慕课超过2.7万门，这些资源的供给不仅满足了不同学习者的需求,也为教师的教学提供了有力支持。

供给能力的提升,还表现在资源的更新速度和质量上。平台资源的更新紧跟教育发展的最新趋势,保证了教育资源的时效性和前沿性。同时,通过严格的内容审核机制,确保了资源的质量,满足了不同层次学习者的需求。

2. 教育资源覆盖面的扩大

教育数字化战略的实施,进一步扩大了教育资源的覆盖面。通过国家智慧教育平台,优质教育资源得以突破地域限制,实现全国范围内的共享。这一战略的实施,有效地促进了教育公平,使得偏远地区的学生也能够享受到与城市学生同等质量的教育资源。

覆盖面的扩大,不仅体现在地域上,还体现在教育层次和类型的拓展上。平台不仅涵盖了基础教育资源,还包含了职业教育、高等教育等不同层次的教育资源,满足了不同年龄段和不同教育需求的学习者。

此外,平台还特别关注了特殊教育和老年教育,为这些群体提供了专门的教育资源,体现了教育数字化战略的全面性和普惠性。

3. 数据整合共享与公共服务水平提升

教育数字化战略的实施,还体现在数据整合共享与公共服务水平的提升。通过大数据技术的应用,教育部推动了教育治理的高效化和精准化,促进了教育决策和教育管理方式的变革。

数据整合共享,使得教育数据得以在更广泛的范围内流通和利用。这不仅为教育研究提供了丰富的数据资源,也为教育政策的制定和调整提供了科学的依据。

公共服务水平的提升,表现在教育服务的多样化和个性化上。通过智能化的教育平台,学习者可以根据自己的学习进度和兴趣,选择适合自己的学习资源和学习路径,实现了个性化学习。

同时,平台还提供了招生考试、学历学位、出国留学等30余项服务,累计办理量超过8000万,极大地方便了学习者和教育工作者,提高了教育服务的效率和质量。

四、人工智能赋能教育行动

1. 智能技术与教育教学的深度融合

人工智能技术在中国教育领域的应用正逐步深入，其与教育教学的融合成为教育数字化战略的重要组成部分。教育部明确提出，将实施人工智能赋能行动，推动智能技术与教育教学深度融合，以促进教育变革创新。

根据教育部数据显示，通过人工智能技术，教育部门能够为学生提供个性化的学习路径和资源，从而提升学习效率和质量。目前，已有超过70%的中小学引入了智能教学辅助系统，这些系统能够根据学生的学习行为和成绩，提供定制化的学习建议和资源。

人工智能技术还能够帮助教师更好地理解学生的需求，通过数据分析来优化教学内容和方法。例如，智能评估系统能够即时反馈学生作业的正确率和错误类型，使教师能够及时调整教学策略，提高教学效果。

此外，人工智能技术在语言学习、数学解题、科学实验等领域的应用，也为学生提供了互动性强、趣味性高的学习体验。据教育部统计，使用智能教学系统的学校中，学生的平均成绩提高了15%以上。

2. 智能技术与科学研究的深度融合

人工智能技术不仅在教学中发挥作用，在科学研究领域也展现出巨大潜力。教育部强调，将促进智能技术与科学研究的深度融合，以提升研究效率和创新能力。

目前，中国高校和研究机构已利用人工智能技术在材料科学、生物医学、环境科学等多个领域取得了突破性进展。据科技部数据显示，人工智能技术辅助的科研项目数量在过去五年内增长了近3倍。

人工智能技术在数据分析、模型构建、实验设计等方面的应用，极大地提高了科研工作的效率。例如，通过机器学习算法，研究人员能够快速处理和分析大量实验数据，缩短了研究周期，提高了研究的准确性。

此外，人工智能技术还能够辅助研究人员进行文献综述和创新点挖掘，促进跨学科研究的开展。据教育部统计，使用人工智能辅助科研的研究机构，其科研成果的产出率提高了20%以上。

3. 智能技术与社会发展的深度融合

人工智能技术与社会发展的深度融合，为中国教育的普及和公平提供了新的解决方案。教育部提出，将推动智能技术在社会发展中的应用，以促进教育的均衡发展。

智能技术在教育管理、资源配置、政策制定等方面的应用，有助于提升教育决策的科学性和精准性。例如，通过大数据分析，教育部门能够更准确地识别教育资源的需求和分布，优化教育资源的配置。

人工智能技术还能够为边远地区和弱势群体提供更多的教育机会。通过在线教育平台，边远地区的学生能够接触到优质的教育资源，缩小了城乡教育差距。据教育部数据显示，通过智能教育平台接受教育的学生数量在过去三年内增长了 50% 以上。

此外，人工智能技术在职业培训和终身学习领域的应用，也为社会成员提供了更多的学习和发展机会。智能推荐系统能够根据个人的兴趣和职业需求，提供个性化的学习资源和路径，促进了终身学习体系的建设。据人力资源社会保障部统计，使用智能培训系统的从业人员，其技能提升速度提高了 30% 以上。

五、教育数字化战略展望
1. 扩大应用示范与服务效能

随着教育数字化战略的深入实施，中国政府计划进一步扩大应用示范，以提升教育服务的整体效能。这一战略的核心在于利用数字化手段，推动教育资源的优化配置和高效利用，确保教育服务覆盖更广泛的群体，包括农村和偏远地区的学生。

根据教育部的规划，未来将重点推进国家智慧教育平台的全域全员全过程应用，通过试点地区的成功经验，推广至全国范围，实现教育资源的均衡分配和高效利用。

预计到 2025 年，国家智慧教育平台将实现更广泛的覆盖，服务更多学习者，通过平台提供的优质教育资源和服务，提升教育公平性和质量。

此外，教育数字化战略还将通过智能化教育工具和平台，提高教育决策和管理的科学性，实现教育服务的个性化和精准化，满足不同学习者的需求。

2. 教育资源的高质量开发与汇聚

教育资源的高质量开发和汇聚是教育数字化战略的关键组成部分。中国政府致力于提升教育资源的质量，以满足新时代教育的需求。

教育部将重点增加STEM教育、数字科技、美育和劳动教育等课程资源，以适应未来社会对人才的需求。

通过国家智慧教育平台，将汇聚更多的优质教育资源，包括教材、课程、教学工具等，为教师和学生提供丰富的教学和学习材料。

预计到2035年，中国将建成服务全民终身学习的现代教育体系，通过高质量的教育资源，提升全民的教育水平和终身学习能力。

3. 智能化发展数字技术

智能化是教育数字化战略的重要方向，中国政府将推动智能技术与教育教学的深度融合，以促进教育变革创新。

教育部将实施人工智能赋能行动，利用人工智能、大数据、云计算等技术，提升教育教学的智能化水平，实现个性化教学和精准化管理。

通过智能化教育平台，教师能够更有效地评估学生的学习进度和需求，学生也能够获得更符合个人需求的学习资源和支持。

预计未来，智能化教育技术将在教学、评估、管理和决策等方面发挥更大作用，推动教育模式的根本变革。

4. 国际合作与交流的深化

教育数字化战略还包括加强国际合作与交流，提升中国教育的全球影响力。

教育部计划通过国际合作项目和平台，如"一带一路"教育行动，推动教育资源的国际化，吸引更多国际学生来华学习，提升中国教育的国际吸引力。

通过国际合作，中国将与其他国家共享优质的数字化教育资源，参与国际教育规则、标准、评价体系的研究制定，为全球教育治理贡献中国智慧。

预计到2035年，中国将在国际教育合作中发挥更积极的作用，通过教育数字化战略，推动构建人类命运共同体，为全球教育发展做出更大贡献。

六、科创教育的战略部署

科创教育是国家科技创新体系的重要组成部分。政府通过以下战略部署，推动科创教育的发展。

加强基础研究：政府鼓励和支持基础研究，以增强原始创新能力，为科技创新提供源源不断的动力。

促进科技与教育融合：通过科技教育项目和创新实验室建设，将最新的科研成果和创新理念引入课堂，激发学生的创新兴趣和创造力。

培养创新型人才：重点培养具有创新精神和实践能力的年轻人，为他们提供参与科研项目的机会，以及创新创业的平台和资源。

七、政策对教育现代化的推动作用

这些科技创新政策对教育现代化的推动作用主要体现在以下几个方面：

教育理念更新：强调创新能力和批判性思维的培养，而不仅仅是知识的传授。

教学方法改革：采用更加灵活多样的教学方法，如项目式学习、探究式学习等，以适应不同学生的学习需求和创新能力培养。

教育资源优化：利用信息技术手段，如在线教育平台，优化教育资源配置，提高教育资源的利用效率和覆盖面。

教育评价体系改革：建立更加科学、全面的评价体系，不仅评价学生的知识掌握程度，也评价学生的创新能力和综合素质。

科技创新政策为科创教育提供了战略指导和政策支持，对教育现代化产生了深远影响。通过这些政策的实施，教育系统正在逐步转型，以培养更多具有创新能力和国际竞争力的人才，为国家的长远发展奠定坚实的基础。

第三节 人工智能与教育结合的现状

随着人工智能技术的快速发展，教育领域正迎来智能化的变革。中国在人工智能技术领域的发展已经在全球范围内引发关注，教育界内外对"人工智能+教育"的探索和实践正在全面铺开。大规模在线教育实验展现了中国教育信息化与智能化的潜力，为构建基于智能技术的新型教育教学模式提供了内生力量。

一、技术基础与教育探索

当前，人工智能技术在全球范围内迅速发展，中国在这一领域的研究和应用也取得了显著成就。教育领域对人工智能的探索表现出极大的热情，尤其是在高等教育和K-12教育中。人工智能技术被用于个性化学习、智能辅导、教学管理等多个方面，旨在提高教育质量和效率。

1. 人工智能技术在教育中的应用

人工智能技术在教育领域的应用已经成为推动教育现代化的重要力量。通过机器学习、自然语言处理、计算机视觉等技术，人工智能能够为教育提供个性化的学习体验、自动化的评估工具、智能辅导系统等。

（1）个性化学习体验。人工智能可以根据学生的学习习惯、能力水平和兴趣偏好，提供个性化的学习资源和学习路径推荐，从而提高学习效率和兴趣。

（2）自动化评估工具。利用自然语言处理技术，人工智能可以自动评估学生的作业和考试，提供即时反馈，帮助学生及时了解自己的学习情况。

（3）智能辅导系统。人工智能可以辅助教师进行学生学习情况的跟踪和分析，为学生提供个性化的学习建议和辅导。

2. 人工智能技术的教育探索

教育领域的人工智能探索不仅仅局限于技术的应用，还包括对教育模式、教学方法和教育管理的创新。例如，通过虚拟现实（VR）和增强现实（AR）技术，可以为学生提供沉浸式的学习体验，使学习更加生动和直观。

（1）教育模式创新。人工智能技术的应用推动了远程教育、在线教育和混合式教育的发展，使得教育资源更加普及和便捷。

（2）教学方法创新。人工智能技术可以帮助教师实现课堂互动的多样化，如通过智能问答系统、在线讨论平台等工具，提高学生的参与度和互动性。

（3）教育管理创新。人工智能技术可以优化教育管理流程，如通过数据分析和挖掘技术，对学生的学习行为、成绩表现进行分析，为教育决策提供支持。

3. 人工智能技术在教育中的挑战

尽管人工智能技术在教育领域的应用前景广阔，但也面临着一些挑战，包括技术与教育的深度融合、教师的人工智能素养提升、人工智能的投入和资源分配，以及低水平重复建设等问题。

（1）技术与教育的深度融合。如何将人工智能技术与教育内容、教学方法和教育管理深度融合，是当前教育领域面临的一个重要问题。

（2）教师的人工智能素养。教师需要具备一定的人工智能素养，才能有效地利用人工智能技术进行教学和教育管理。

（3）资源分配。人工智能技术的研发和应用需要大量的资金和人力资源，如何合理分配这些资源，是教育领域需要考虑的问题。

（4）伦理和隐私问题。人工智能技术在教育领域的应用，可能会涉及学生的个人隐私和数据安全问题，需要制定相应的伦理规范和隐私保护措施。

人工智能与教育的结合为教育现代化提供了新的动力和可能。通过智能技术的应用，教育将变得更加个性化、高效和公平。然而，要实现这一目标，还需要克服一系列挑战，包括技术、教育、政策等多个方面。本书将深入探讨这些问题，并提出相应的策略和建议。

二、在线教育

1. 在线教育的发展背景

随着互联网技术的飞速发展，在线教育已经成为教育领域的一个重要分支。它打破了传统教育的时空限制,为学习者提供了更加灵活和多样化的学习方式。在线教育的普及和应用,成为保障教育连续性的关键手段。

2. 在线教育平台的快速响应

各国政府和教育机构积极采取行动,推动在线教育平台的发展和应用。这些平台提供了丰富的教学资源和工具,包括视频讲座、在线讨论、虚拟实验室,以及远程评估等,以支持教师和学生在远程环境下的教学和学习活动。

3. 教师的专业发展与适应

在线教育的普及也对教师提出了新的要求。教师需要掌握新的教学技能和工具,如在线课程设计、网络互动,以及远程评估等。同时,教师也需要适应新的教学环境,如在线课堂管理、学生参与度提升,以及在线学习动机激励等。

4. 学生学习体验的变化

对于学生而言,在线教育提供了更加个性化的学习体验。学生可以根据自己的学习节奏和风格来安排学习活动,同时也能够接触到更广泛的学习资源和社群。然而,这也带来了一些挑战,如学习自律、技术接入,以及家庭学习环境等。

5. 教育公平与资源分配

在线教育在提高教育可及性方面发挥了重要作用,特别是在偏远地区和资源匮乏的环境中。然而,这也暴露了数字鸿沟和教育不平等的问题。一些学生可能因为缺乏必要的技术设备或网络连接而无法参与在线学习。

在线教育经验表明,教育系统具有强大的适应性和创新潜力。教育工作者、技术专家、政策制定者和社会各界的共同努力,使得教育能够继续发挥其塑造未来的关键作用。

三、智能教育的应用形式

1. 在线教育平台的兴起

随着互联网技术的飞速发展,在线教育已经成为教育领域的一个重要分支。它打破了传统教育的时空限制,为学习者提供了更加灵活和多样化的学习方式。这使得在线教育平台成为维持教育连续性的关键手段。

2. 智能教育工具的多样化

智能教育不仅仅是在线课程的提供，它还包括了一系列智能教育工具的应用，如：

（1）个性化学习系统。利用人工智能技术，根据学生的学习习惯、能力水平和兴趣偏好，提供个性化的学习资源和学习路径推荐。

（2）自动化评估工具。通过自然语言处理和机器学习技术，自动化评估学生作业和考试，提供即时反馈。

（3）智能辅导系统。辅助教师进行学生学习情况的跟踪和分析，为学生提供个性化的学习建议和辅导。

（4）虚拟现实和增强现实技术。为学生提供沉浸式的学习体验，尤其在科学和历史等领域。

（5）教育机器人。与学生互动，提供辅导和支持，同时收集数据以优化教学策略。

3. 智能教育的挑战与机遇

智能教育的应用带来了许多挑战，如技术应用的有效性、教师的人工智能素养提升、资源分配等问题。但同时，它也提供了前所未有的机遇，如扩大优质教育资源的共享，提高教育质量，培养具有创新能力和国际竞争力的人才。

智能教育的应用形式多样，它不仅改变了教育的面貌，也为教育现代化提供了新的动力和可能。疫情期间的在线教育实践表明，智能教育平台和工具能够在危机中保持教育的连续性，并为未来的教育创新提供启示和策略。

四、教育改革与创新

教育改革与创新是推动教育发展、提高教育质量的关键因素，尤其在当前社会快速发展和变革的背景下，教育改革与创新显得尤为重要。

1. 教育改革的背景与必要性

随着社会的快速发展，新的知识和技术不断涌现，对人才的需求也在不断变化。教育系统需要适应这些变化，培养能够适应未来社会需求的创新人才。教育改革旨在更新教育内容、教学方法和评价体系,以提高教育的适应性和创新性。

2. 教育创新的实践案例

教育创新的实践案例包括:

(1) 项目式学习。通过项目式学习,学生可以在解决实际问题的过程中学习知识和技能,培养团队合作和问题解决能力。

(2) 翻转课堂。翻转课堂模式要求学生在课前通过视频等材料自学新知识,课堂时间则用于讨论、实践和深入理解。

(3) 个性化学习。利用人工智能和大数据技术,为学生提供个性化的学习资源和路径,满足不同学生的学习需求。

(4) STEAM 教育。结合科学、技术、工程、艺术和数学的教育,鼓励学生跨学科学习和创新。

3. 教育改革与创新的挑战

教育改革与创新面临的挑战包括:

(1) 教师专业发展。

教师专业发展是教育改革与创新的关键组成部分,它直接关系到教育质量的提升和教育目标的实现。以下是对教师专业发展挑战的深入分析。

①知识与技能更新

在快速变化的教育环境中,教师需要不断更新他们的知识和技能以适应新的教学方法和教育技术。据中国教育学会"教师专业发展研究中心"第二届全国教师专业发展学术会议所述,新时代教师专业发展的新挑战之一便是网络教学模式的兴起,如慕课、翻转课堂和微课程等。这些基于互联网的教学模式要求教师不仅要掌握传统的教学技能,还需要具备信息技术能力,以促进个性化学习和优质资源共享。

②教师角色转变

随着教育改革的深入,教师的角色也在发生变化。传统的知识传授者需要转变为学生学习活动的设计者和指导者,与学生形成新型的学习伙伴关系。这一转变要求教师具备更高的专业素养和创新能力,以适应教育信息化建设的需求。

③教师培训与发展

为了支持教师的专业发展，需要制订有效的教师培训和发展计划。这些计划应包括对新教学方法和技术的培训，以及对教师进行持续教育和职业发展的支持。根据《新时代基础教育强师计划》，到2025年，中国将建成一批国家师范教育基地，并培养一批硕士层次中小学教师和教育领军人才。

④教师专业发展的支持体系

教师专业发展还需要一个强大的支持体系，包括政策支持、资源分配和校本研修。政策支持可以为教师提供培训和发展的机会，资源分配确保所有教师都能获得必要的教学资源，而校本研修则鼓励教师在学校内部进行合作和知识共享。

⑤教师专业发展的挑战与机遇

教师专业发展的挑战在于如何平衡传统教学与新技术的融合，以及如何在有限的资源下实现教师能力的全面提升。同时，这也是一个机遇，因为它可以促进教师个人成长，提高教育质量，并为学生提供更好的学习体验。

资源分配：需要合理分配教育资源，确保所有学生都能受益于教育改革和创新。

评价体系改革：传统的考试和评价方法可能无法准确反映学生的创新能力和实践技能，需要建立新的评价体系。

政策支持：教育改革和创新需要政策的支持和引导，以确保改革的顺利进行和创新的可持续发展。

教育改革与创新是教育发展的永恒主题。通过不断地改革和创新，教育系统可以更好地适应社会的变化，培养出更多具有创新精神和实践能力的人才。

（2）资源分配。

教育资源的合理分配是实现教育公平和提高教育质量的关键。以下是对教育资源分配挑战的深入分析。

①教育资源分配的现状与挑战

随着社会经济的发展和人口结构的变化，教育资源的分配面临着新的挑战。根据教育部发布的数据，虽然我国教育经费投入持续增长，但城乡之间、不同地区之间的教育资源分配仍存在较大差距。城市学校往往能获得更多的教育资源，而农村及偏远地区的学校则面临教育资源匮乏的问题。此外，随着二孩政策的实施和社会人口流动性的增加，学龄人口的分布也在发生变化，这对教育资源的配置提出了新的要求。

②教育资源分配的公平性问题

教育资源分配的公平性是社会关注的焦点。当前，我国正通过一系列政策和措施，如"全面改薄"工程和"乡村教师支持计划"，努力缩小城乡教育资源差距。根据《中国教育现代化2035》提出的目标，到2035年，我国将实现基本公共教育服务均等化，确保每个孩子都能享受到公平而有质量的教育。

③教育资源分配的效率问题

提高教育资源分配的效率是提升教育质量的关键。目前，我国正在推进教育信息化建设，通过建立国家数字教育资源公共服务体系，实现优质教育资源的共享，提高教育资源的使用效率。同时，通过优化教育经费的使用结构，加大对教育教学和教师队伍建设的投入，确保教育资源能够更高效地用于提高教育质量。

④教育资源分配的政策支持

政策支持对于教育资源的合理分配至关重要。我国政府已经出台了一系列政策，如《关于深化教育体制机制改革的意见》，旨在通过改革教育体制机制，优化教育资源配置，提高教育资源的使用效益。此外，政府还通过制定教育经费投入的最低标准和实施教育精准扶贫等措施，确保教育资源能够更加公平地分配给每个需要的学生。

⑤教育资源分配的未来趋势

未来，教育资源分配将更加注重效率和公平的平衡。随着教育信息化的深入发展，教育资源的数字化和网络化将成为趋势，这将有助于实现教育资源的优化配置和高效利用。同时，随着社会对教育公平的日益重视，教育资源分配也将更加注重满足不同群体，特别是弱势群体的教育需求，以实现真正的教育公平。

（3）评价体系改革。

教育评价体系的改革是教育改革的核心组成部分，它直接关系到教育目标的实现和教育质量的提升。以下是对教育评价体系改革挑战的深入分析。

①传统评价体系的局限性

传统的教育评价体系主要依赖于考试成绩作为评价学生学习和教师教学效果的主要标准。然而，这种方法忽视了学生的全面发展和创新能力的培养。根据《深化新时代教育评价改革总体方案》，传统的"唯分数、唯升学、唯文凭、唯论文、唯帽子"的评价导向需要被坚决克服。这种单一的评价方式限制了学生个性化和多样化发展，也忽视了教师在教学过程中的创造性和专业性。

②新评价体系的构建

为适应新时代教育的需求，教育评价体系的改革需要构建一个更加全面和多元的评价体系。这个新体系应该包括对学生的德智体美劳全面发展的评价，以及对教师教学过程和教学效果的全面评价。根据《中国教育现代化2035》，到2035年，我国将基本形成富有时代特征、彰显中国特色、体现世界水平的教育评价体系。这个新体系将更加注重学生的个性发展和创新能力，以及教师的专业成长和教学创新。

③评价体系改革的实施策略

实施教育评价体系改革需要采取一系列具体的策略。首先，需要开发和应用新的评价工具和技术，如人工智能、大数据等现代信息技术，以实现对学生学习情况的全过程纵向评价和德智体美劳全要素横向评价。其次，需要加强对教师的评价培训，提高他们的评价素养和能力。最后，还需要建立一个公开透明的评价过程，确保评价的公正性和有效性。

④评价体系改革的挑战

教育评价体系改革面临着多方面的挑战。首先，需要改变长期以来形成的"唯分数"的评价文化，这需要社会各界的共同努力和长时间的文化培育。其次,需要解决评价体系改革中的技术问题,如评价工具的开发和评价数据的处理等。最后,还需要解决评价体系改革中的政策和制度问题,如评价标准的制定和评价结果的应用等。

⑤评价体系改革的未来方向

未来,教育评价体系改革将继续朝着更加全面、多元和科学的方向发展。这将包括对学生的综合素质评价,对教师的教学过程和效果的全面评价,以及对学校教育质量的全面评价。同时,评价体系改革也将更加注重评价的个性化和差异化,以满足不同学生和教师的发展需求。此外,评价体系改革也将更加注重评价的国际化和全球化,以适应全球化时代的教育需求。

(4)政策支持。

政策支持在教育改革与创新中起着至关重要的作用。以下是对教育改革与创新所需政策支持的深入分析。

①政策支持的重要性

教育改革与创新需要政策的支持和引导,以确保改革的顺利进行和创新的可持续发展。政策支持不仅能够为教育改革提供方向和目标,还能够为改革提供必要的资源和条件。根据《中国教育现代化2035》,政策支持是实现教育现代化的关键因素之一。政策支持能够确保教育改革与创新符合国家的教育发展战略,满足社会和经济发展的需求。

②政策支持的主要内容

政策支持的主要内容涵盖了教育改革与创新的各个方面,包括教师专业发展、教育资源分配、教育评价体系改革等。政策支持需要明确教育改革的目标和方向,提供改革的具体措施和方法,以及评估和监督改革进展的机制。例如,政策支持可以通过提供教师培训和发展计划、优化教育资源配置、推动教育评价体系改革等方式,为教育改革与创新提供支持。

③政策支持的实施策略

实施政策支持需要采取一系列具体的策略。首先,需要制定明确的政策目标和规划,确保政策支持与教育改革的需求相匹配。其次,需要确保政策支持的连贯性和一致性,避免政策之间的冲突和矛盾。最后,还需要建立有效的政策执行和监督机制,确保政策支持能够落到实处。例如,政策支持可以通过设立专项资金、提供政策优惠、加强政策宣传和培训等方式,促进教育改革与创新的实施。

④政策支持的挑战

政策支持在实施过程中也面临着一些挑战。例如,政策支持需要考虑到不同地区、不同群体的教育需求和特点,确保政策的公平性和适用性。同时,政策支持还需要考虑到政策的可行性和有效性,确保政策支持能够真正促进教育改革与创新。此外,政策支持还需要不断地进行评估和调整,以适应教育改革与创新的发展变化。

⑤政策支持的未来趋势

未来,政策支持将更加注重教育改革与创新的系统性和整体性,更加注重政策的灵活性和适应性。政策支持将更加注重利用现代信息技术,如大数据、人工智能等,提高政策支持的精准性和有效性。同时,政策支持也将更加注重国际合作和交流,借鉴和吸收国际先进的教育改革与创新经验,提升我国教育改革与创新的国际竞争力。

五、面临的挑战

在教育改革与创新的过程中,确实存在一些挑战,尤其是在技术与教育融合、教师素养、资源分配及伦理和隐私问题方面。以下是对这些挑战的详细分析:

1. 技术与教育的深度融合

人工智能技术的发展为教育改革提供了新的机遇,但同时也带来了挑战。如何将人工智能技术有效地融入教育内容、教学方法和教育管理,是一个重要问题。需要探索如何利用人工智能提高教学质量、个性化学习和评估学生的进步。

挑战:

(1)需要对教育内容进行更新,以适应技术发展的需求。

教学方法需要创新,以促进学生批判性思维和创造力的培养。

(2)教育管理需要利用数据分析来优化资源配置和提高决策效率。

2. 教师的人工智能素养

教师需要具备一定的人工智能知识和技能，才能有效利用这些技术进行教学和管理。

挑战：

教师专业发展培训需要包含人工智能相关内容。

教师需要更新教学方法，以适应人工智能带来的变化。

教师需要了解如何使用人工智能工具来支持学生的学习。

3. 资源分配

人工智能技术的研发和应用需要大量的资金和人力资源，如何合理分配这些资源是一个挑战。

挑战：

（1）需要确保资金和资源能够公平地分配到各个学校和地区。

（2）需要考虑如何最有效地使用资源来提高教育质量和可及性。

（3）需要平衡传统教育资源和新兴技术资源的投入。

4. 伦理和隐私问题

人工智能技术在教育领域的应用可能会涉及学生的个人隐私和数据安全问题。

挑战：

（1）需要制定明确的伦理规范和隐私保护政策。

（2）需要确保收集和使用的学生数据是安全的，并且得到学生和家长的同意。

（3）需要教育学生和家长关于数据隐私和网络安全的知识。

为了应对这些挑战，教育政策制定者、学校管理者和教师需要共同努力，制定合理的政策和实践策略，以确保教育改革与创新能够顺利进行。这包括对教师进行专业发展培训，更新教育内容和教学方法，合理分配资源，以及制定和执行数据保护政策。通过这些努力，可以最大限度地发挥人工智能技术的潜力，同时保护学生的利益和隐私。

六、未来发展方向

1. 技术整合的深化

未来的教育改革将继续深化技术与教育的整合。随着人工智能、大数据、云计算等技术的进一步发展，教育将变得更加个性化、灵活和高效。例如，通过学习分析技术，教师可以实时监控学生的学习进度和理解程度，从而提供更有针对性的指导和支持。

2. 终身学习的推广

随着知识更新的加速，终身学习已成为必然趋势。教育改革将推动建立更加开放和灵活的学习体系，支持人们在不同阶段、不同环境下进行学习和成长。在线教育平台和虚拟课堂将成为终身学习的重要工具。

3. 教育公平的实现

教育公平是未来教育改革的重要目标。通过提供优质的在线教育资源和远程教学服务，可以帮助边远地区和弱势群体获得更好的教育机会。同时，教育政策也将更加注重资源的均衡分配和教育机会的公平提供。

4. 创新能力的培养

未来社会对创新人才的需求日益增长，教育改革将更加注重创新能力的培养。这包括批判性思维、问题解决能力、创造力和团队合作能力等。教育系统将通过项目式学习、探究式学习等方法，激发学生的创新精神和实践能力。

5. 教育评价体系的改革

传统的考试和评价方法往往侧重于知识的掌握程度，而忽视了学生的创新能力和综合素质。未来的教育改革将推动建立更加全面和多元化的评价体系，不仅评价学生的知识掌握，也评价学生的创新能力、团队合作和领导力等。

6. 教育国际化的发展

在全球化的背景下，教育国际化将成为未来教育改革的重要方向。通过国际交流和合作项目，学生可以获得更广阔的视野和更丰富的学习体验。同时，教育国际化也有助于培养具有全球竞争力的人才。

教育改革与创新的未来发展方向是多元化和综合性的。随着社会的发展和技术的进步，教育系统需要不断适应新的挑战和需求。通过深化技术整合、推广终身学习、实现教育公平、培养创新能力、改革评价体系和推动教育国际化，我们可以期待一个更加开放、灵活和高效的教育未来。

第四节　教育现状的挑战

尽管中国在教育信息化和智能化方面取得了显著进展，但仍面临一些挑战。例如，技术应用的有效性、适切性、合理性尚需进一步细化；智能教育的个性化诊断与培养需要更加精细化的设计；以及如何在保护学生隐私和数据安全的前提下，合理利用教育数据等问题。

教育是一个不断发展和变化的领域，它面临着多方面的挑战，这些挑战不仅来自教育系统内部，也来自外部社会、经济和技术的快速变化。以下是对教育现状挑战的详细阐述。

一、教育公平与资源分配

教育公平是全球性的问题，它涉及教育资源的分配、教育机会的均等性及教育质量的均衡。在许多国家和地区，城乡之间、不同社会经济背景的学生之间，教育资源分配存在显著差异。这种差异导致了教育机会的不平等，影响了学生的发展潜力和社会的公平性。

二、教师专业发展与支持

教师是教育质量的关键因素。然而，教师的专业发展和支持体系在许多地区仍然不足。教师面临着工作压力大、培训机会有限、职业发展路径不明确等问题。这些问题影响了教师的教学效果和职业满意度，进而影响了学生的学习体验和成果。

三、教育内容与教学方法的更新

随着知识经济和信息化社会的发展，教育内容和教学方法需要不断更新以适应新的社会需求。传统的教育内容和教学方法可能无法满足学生未来职业和生活的需求。因此，教育系统需要更新课程内容，引入新的教学方法，如项目式学习、探究式学习等，以培养学生的创新思维和实践能力。

四、教育评价体系的改革

传统的教育评价体系往往侧重于标准化考试和分数，这可能导致学生和教师过度关注应试，而忽视了学生的全面发展。教育评价体系的改革需要更加关注学生的综合素质、创新能力和实践技能，采用多元化的评价方法，如过程评价、同伴评价等。

五、教育技术的融合与创新

教育技术的快速发展为教育带来了新的机遇和挑战。如何有效地将教育技术融入教学过程，提高教学效果和学习体验，是当前教育面临的重要问题。同时，教育技术的应用也带来了数据安全、隐私保护等挑战。

六、学生心理健康与社会适应

学生的心理健康和社会适应能力是教育的重要组成部分。当前，学生面临着来自学业、人际关系、未来规划等方面的压力。教育系统需要提供更多的心理健康支持和社会适应指导，帮助学生建立积极的人生观和价值观。

教育现状的挑战是多方面的，需要教育工作者、政策制定者、学校和社会各界的共同努力来应对。通过改革教育体系、更新教育内容和方法、加强教师专业发展、改革评价体系、融合教育技术及关注学生心理健康，我们可以提高教育质量，培养更多具有创新精神和实践能力的人才。

第五节 创新能力与创造力

一、创新能力基本概念

创新能力是人的能力中最宝贵、最重要、层次最高的一种能力。创新能力最初的动因是创新意识，创新能力是建立在创新意识和创新思维的长期运用和长期实践基础之上的特殊能力。创新能力是人对自身能力的一种超越，创新能力是一种独创力、扩张力和智慧力。

创新能力是人产生新思维、创造新事物的能力。也可以换一个角度来说，创新能力是指人创造性地发现、提出和解决问题的能力。创新能力是人的认识能力和实践能力的结合，它涉及和包含了人的多种能力，是人的一种综合性能力。

创新能力包括创新思维能力和创新实践能力，创新思维能力是动脑，创新实践能力是动手，但需要大脑思维的引领，用创新思维的表现形式和创新能力的表现形式相结合，在这个过程中，人们首先要对客观事物有个认识的过程，在以往经验中和创新思维的非逻辑思维中，具备了认识的能力，对已有的问题或客观事物进行革新和改造，对不足之处和不满足现状的问题加以修正，这就是将创新思维进化为创新能力的过程。

二、创新能力的重要作用

在人类的若干能力中，创新能力占据着非常重要的地位，因为只有创新能力能够推动文明的发展和科技的进步，若人类没有创新能力，这世界上所有的人工造物都不会出现，人类文明更不可能在大自然中脱胎而成。第一栋房子的搭建，第一件服饰的缝制都是创新能力发挥着作用。所以说，创新能力是人的卓越能力，没有创新能力，人类将无法走进现代社会。汽车、电话、网络甚至5G都不会在世界上发挥作用。在原始社会，创新是一种无意识的表现，人类根据需要不知不觉进行发明创造。然而进入古代社会后，人类的需求渐渐得到满足，无法仅仅通过需求而进行创新，而是通过有意识地发挥创新能力才能继续推动社会的进步，这也使得创新能力逐步成为人类需要拥有的卓越能力。

自然科学肇始于古希腊自然哲学，泰勒斯是公认的第一位自然哲学家，正是泰勒斯发挥着创新能力才开始了西方两千多年的自然科学研究。在公元前7世纪的古代西方，人们相信这个世界是神创造的，宇宙中的一切都来自神明。然而泰勒斯提出了崭新的本体论命题——"世界的本原是水"，历史上首次以自然物质作为世界的起源而非神明，拓宽了人们认识自然的视野，在他之后的自然哲学家纷纷提出不同的朴素唯物世界观，创造了灿烂的希腊文明。

第三章 创造力重要性与教育现状

延续了几千年的古文明在 17 世纪被终结，取而代之的是现代文明。在这个转变的过程中，牛顿发挥了至关重要的作用。在牛顿以前，亚里士多德的物理学依然是社会认知的主流物理学。在亚里士多德看来，地球是宇宙的中心，一切物体都拥有向地心运动的趋势。无论是大炮射出去的炮弹还是树上的苹果，都将落向地面。到了牛顿的时代，日心说已经占据主流，但地球上的物体并非向太阳运动而是向地心运动的事实没有改变，这就出现了一个重要的问题，为什么地球上的物体落向地心而不是落向日心？这不符合当时物体向宇宙中心运动的观念。牛顿在面对同样的现象时却提出了新的定律，在创新能力的发挥下，牛顿提出了"万有引力"定律，即所有的物体都有引力，引力的大小取决于质量的大小和距离的远近，质量越大，引力越大，距离越大，引力越小。经过牛顿的创新与努力，现代科学脱胎于古代科学，人类的世界开始发生翻天覆地的变化。

牛顿的机械宇宙观随着他的力学定律的出现而出现，并成为往后三百年的统治思想。机械宇宙观的完结归功于爱因斯坦的相对论。在机械宇宙观里，时空都是绝对的，这也符合人们在日常生活中的切身体验。但是到了爱因斯坦的时候，出现了一个难以与机械宇宙观调和的问题：光速不变。根据相对运动，在不同速度的观测下，测得的光速大小应该是不同的，然而经过科学家们反复实验，光速都是固定数值（在同一介质条件下）。爱因斯坦没有受制于依然处于权威地位的牛顿，在充分的科学研究后提出了相对论，这是在新的世界图景下的新的理论，彻底改观了原来的机械世界观，取而代之以相对的世界观。

正是在创新能力的帮助下，牛顿与爱因斯坦都成为改变世界的科学家，他们都没有因于传统和权威，而是敢于创新，敢于以新的理论来解释和认识世界，充分体现了创新能力的重要作用和卓越地位。也正是以他们为代表的科学家们不断地创新，现代科学才不断地发展起来并转化为生产力与创造力，使得我们的生活越来越智能化。

第六节 科创作品案例分析：智能购物车

一、背景与需求分析

在传统的超市购物体验中，顾客常常面临排队结账时间长、购物车难以操控、购物清单管理不便等问题。这些问题激发了创新者思考如何通过技术手段改善购物体验。

二、创新点

智能购物车通过集成传感器、无线通信技术和用户界面设计，实现了以下创新功能：

1. 自动导航： 智能购物车能够根据顾客的购物清单自动规划最优路径，引导顾客快速找到所需商品。

2. 实时库存更新： 通过与超市库存系统连接，智能购物车能够实时显示商品的库存状态，避免顾客因缺货而浪费时间。

3. 电子支付： 顾客可以直接在购物车屏幕上完成支付，无须排队等候结账。

4. 个性化推荐： 根据顾客的购物历史和偏好，智能购物车能够提供个性化的商品推荐。

三、创造力的体现

智能购物车的开发过程中，创新者运用了发散性思维，将不同领域的技术（如物联网、人工智能、移动支付）融合在一起，创造出一个全新的购物体验。此外，他们还通过用户研究和市场分析，提出了一系列创新的解决方案，以满足顾客的实际需求。

四、创新与创造力的结合

智能购物车的开发过程充分体现了创新与创造力的结合。创新者不仅提出了一个新颖的想法（智能购物车），还通过不断的试验和改进，将这个想法转化为一个实际可行的产品。这个过程涉及了从概念设计到原型测试，再到最终产品推广的一系列创新活动。

通过智能购物车这一案例，我们可以看到创新与创造力在实际应用中是如何相互促进、共同推动科技进步和社会变革的。这种结合不仅为顾客带来了更好的购物体验，也为零售行业提供了新的发展方向。

第四章 灵创课堂的构建

灵创课堂是一种以培养学生创新力和创造力为核心的教育模式。它强调通过灵活多样的教学方法，激发学生的好奇心和探索欲，鼓励学生主动思考和解决问题。以下是灵创课堂的理念与特点的详细描述，以及相关的例子说明。

第一节 灵创课堂的理念和目标

灵创课堂的核心理念是将创新思维和创造力作为教育的核心，以培养学生的创新能力、批判性思维和问题解决能力为目标。这种课堂模式强调学生的主动学习和教师的引导作用，旨在通过教育活动激发学生的创造潜能，培养他们成为能够适应未来社会和经济挑战的创新者。

一、创新思维

鼓励学生发展创新思维，包括发散性思维、联想思维和逆向思维等。通过项目式学习，学生可以在解决实际问题的过程中发展创新思维。

例如：在小学科学课程中，学生可以设计和制作一个简单的太阳能车，这不仅涉及科学知识的应用，还需要创新设计以提高效率。

二、问题解决能力

培养学生面对复杂问题时的解决能力，包括问题的识别、分析和创造性解决。

例如：在数学课堂上，教师可以提出一个实际问题，如规划学校的花园，学生需要运用数学知识和逻辑推理来提出解决方案。

三、批判性思维

教导学生如何批判性地分析信息，形成独立的判断和见解。通过讨论和辩论活动，学生可以学会批判性地分析问题。例如，语文课堂上对文学作品的深入分析和讨论，可以帮助学生形成独立的见解。

四、团队合作

通过小组合作项目，培养学生的团队精神和协作能力。小组项目鼓励学生合作解决问题。例如，在小学语文课上的小组故事创作活动，学生需要共同构思情节、分配角色和创作故事。

五、持续学习

激发学生的好奇心和学习热情，培养他们成为终身学习者。通过探究式学习，学生可以培养自主学习的习惯。例如，小学生可以通过网络资源和图书馆资料自主研究一个历史主题，并在课堂上进行分享。

第二节 灵创课堂的设计原则

灵创课堂的设计原则进一步细化，以确保学生能够在一个有利于创新的环境中学习。灵创课堂的设计遵循以下原则，以促进学生的创造力培养：

一、开放性

课堂环境和教学内容应该是开放的，鼓励学生探索未知领域，接受新思想和新方法。课程内容和教学方法应该开放，鼓励学生探索未知。例如，科技课堂上，学生可以尝试使用不同的材料和方法来制作模型飞机。

二、多样性

提供多样化的学习资源和活动，以满足不同学生的学习风格和兴趣。例如，语文教学内容中可以包括诗歌、戏剧、小说等多种文学形式。

三、合作性

鼓励学生在小组中合作学习，通过团队合作来解决问题和创造新知识。

例如，在小学的环保项目中，学生可以分组研究不同的环保议题，并共同制订行动计划。

四、实践性

强调通过实践和动手操作来学习，使学生能够将理论知识应用于实际问题解决中。例如，艺术课堂上，学生可以通过绘画、雕塑等实践活动来表达自己的创意。

五、反思性

鼓励学生在学习过程中进行自我反思，评估自己的学习进度和创新成果。例如，在项目学习结束后，学生需要反思他们在项目中的表现和学习成果。

第三节 灵创课堂的特点

灵创课堂的特点在于它能够激发学生的创新思维和创造力，通过多样化的教学方法和环境，培养学生的问题解决能力和实践技能。以下是灵创课堂的一些特点，结合具体的例子进行详细说明。

一、学生中心

在灵创课堂上，教师可能会设计一个以学生为中心的项目，如让学生自己选择感兴趣的社会问题进行研究，并提出解决方案。例如，学生可能会选择研究如何减少校园内的塑料垃圾，并设计一个回收计划。

二、问题导向

教师可能会提出一个挑战性问题，如"如何利用可再生能源解决能源短缺问题？"学生需要通过研究、讨论和实验来探索可能的解决方案。

三、跨学科融合

在设计一个环保项目时，学生不仅需要了解科学原理，还需要考虑经济、社会和艺术等多个方面的因素。例如，学生可能会设计一个太阳能驱动的艺术品，这需要他们将物理学、经济学和美术设计等知识结合起来。

四、实践与体验

在灵创课堂上，学生可能会参与到实际的科学实验中，如制作一个简易的机器人或进行一次田野调查。通过这些实践活动，学生能够将理论知识应用于现实世界。

五、合作与交流

在团队项目中，学生需要合作完成一个创新设计，如设计一个新的学校图书馆布局。他们需要通过讨论、分工和协作来共同解决问题，这有助于培养他们的沟通能力和团队精神。

六、灵活的教学方法

教师可能会采用翻转课堂的模式，让学生在家中通过视频学习新知识，然后在课堂上开展深入的讨论和实践活动。

七、创新的教学内容

教师可能会引入最新的科技趋势，如人工智能和机器学习，让学生了解这些技术如何影响未来的工作和生活。

八、个性化的学习路径

教师可能会根据学生的兴趣和能力提供个性化的学习资源，如为对编程感兴趣的学生提供额外的编程挑战和项目。

九、开放的学习环境

教师可能会创造一个开放的学习空间，鼓励学生自由探索和表达自己的想法。例如，学生可以在课堂上自由地分享他们的创意和项目进展。

十、持续的评估与反馈

教师可能会采用多元化的评估方式，如自我评估、同伴评估和项目展示，来全面评价学生的学习进度和创新能力。教师还会提供及时的反馈，帮助学生不断改进和提高。

通过这些特点和例子，我们可以看到灵创课堂如何通过创新的教学方法和环境，激发学生的创新思维和创造力，为他们的未来学习和生活打下坚实的基础。

第四节　灵创课堂的教学策略

一、开放性问题情境的创设

开放性问题情境的创设是灵创课堂的基石，它能够激发学生的好奇心和探究欲，促进学生的主动学习和深入思考。根据《教育心理学》（2020年）的研究，开放性问题能够有效地促进学生的认知发展和问题解决能力。

在灵创课堂中，教师通过设计具有挑战性和探索性的问题，引导学生进入问题情境。例如，教师可以提出"如果地球停止转动会发生什么？"这样的问题，让学生自由发挥想象，提出各种可能的假设和解决方案。

二、激发学生主动参与的方法

灵创课堂鼓励学生主动参与学习过程，这不仅能够提高学习成效，还能够培养学生的自主学习能力和自我管理能力。《主动学习的教学策略》（2022年）中提到，教师可以通过以下方法激发学生的主动参与：

任务驱动： 通过设置具有挑战性的任务，让学生在完成任务的过程中学习知识和技能。

合作学习： 通过小组合作的方式，让学生在交流和合作中共同解决问题。

反思性学习： 鼓励学生在学习过程中进行自我反思，以提高自我监控和自我评价的能力。

三、知识内化与能力提升的实践

灵创课堂注重学生的知识内化和能力提升，通过多种教学活动帮助学生将学到的知识转化为实际能力。《知识内化与能力提升的策略》（2023年）中提出了以下实践方法：

1. 项目学习： 通过跨学科的项目，学生可以在解决实际问题的过程中学习和应用知识。例如，小学生可以在科学和数学课上合作设计一个小型水循环系统。

2. 探究式学习： 引导学生通过提问、探索和实验来主动寻求问题的答案。例如，学生可以探究不同元素对植物生长的影响。

3. 案例研究： 使用真实世界的案例来讨论和分析问题，提高学生的批判性思维和决策能力。例如，学生可以研究历史上的发明案例，分析其创新过程。

4. 角色扮演： 让学生扮演不同角色，以增强同理心和理解不同视角的能力。例如，在社会学习课程中，学生可以通过角色扮演来理解不同文化背景的人。

5. 头脑风暴： 鼓励学生自由地提出想法，无论其多么非传统或创新，以激发创新思维。例如，在设计学校新图书馆布局时，教师可以组织头脑风暴活动。

6. 思维导图： 使用思维导图来组织和可视化想法，促进思维的发散和连接。例如，学生可以使用思维导图来组织他们对一本书的理解。

通过这些策略和方法，灵创课堂旨在创造一个支持和鼓励创新的环境，让学生能够在探索和创造中成长，有效地促进学生的知识内化和能力提升，为学生的终身学习和未来发展打下坚实的基础。

第五节 灵创课堂的教学方法

一、灵活多样的教学手段

灵创课堂采用的教学手段灵活多样，旨在适应不同学生的学习风格和需求，从而最大化教学效果。这些教学手段包括但不限于：

个性化学习路径： 根据学生的学习进度和兴趣，提供定制化的学习计划和资源。

技术融合： 利用信息技术，如在线学习平台、虚拟现实（VR）和增强现实（AR），来丰富学习体验。

游戏化学习： 通过游戏设计元素，如积分、徽章和排行榜，来激发学生的学习动力。

互动式教学： 通过讨论、辩论和角色扮演等活动，促进师生和生生之间的互动。

二、好奇心与探索欲的培养

好奇心和探索欲是创新和创造力的源泉。灵创课堂通过以下方式培养学生的好奇心和探索欲：

问题引导： 教师提出开放性问题，引导学生自主探索和寻找答案。

探究式学习： 鼓励学生通过实验、研究和实践来探索未知领域。

跨学科学习： 通过跨学科项目，激发学生对不同领域知识的兴趣和探索。

三、主动思考与问题解决的鼓励

灵创课堂鼓励学生主动思考和解决问题，以培养他们的批判性思维和解决问题的能力。具体方法包括：

案例研究： 通过分析真实世界的案例，让学生应用所学知识解决实际问题。

设计思维： 教授学生如何通过同理心、定义问题、构思和原型制作来创新解决方案。

反思性练习： 鼓励学生在完成任务后进行反思，以提高他们的自我评估和自我改进能力。

第五章　创造力培养策略与方法

第一节　创新思维的概念阐释

创新思维是指个体在面对问题和挑战时，能够超越传统思维模式，提出新颖、独特且实用的想法和解决方案的能力。它涉及对现有知识的重新组合、对常规思维的突破及对新事物的探索和尝试。

一、创新思维的本质

创新思维的本质在于利用新的角度、新的思考方法来解决现有的问题。它不拘泥于常规，能够突破传统思维的界限，探索未知领域或解决未解决的问题。

二、创新的定义

创新是指利用现有的知识和物质，在特定环境中，提出有别于常规或常人思路的见解，改进或创造新的事物、方法、元素、路径、环境，并能获得一定有益效果的行为。

第二节　创新思维的特征

一、非常规和突破性

特征描述： 创新思维不受传统思维的限制，能够突破常规，寻找非传统的解决方案。它常常涉及对传统观念和封闭思维的质疑，并尝试开辟新的思维路径。

例子：苹果公司的创始人之一史蒂夫·乔布斯在设计第一代 iPhone 时，

放弃了传统的手机物理键盘，采用全触控屏幕，这一突破性的创新彻底改变了智能手机的设计理念。

二、多元思维

特征描述： 创新思维能够全面分析问题，从不同角度看待问题。它能够跳出狭隘的思维局限，综合运用不同的思维模式和工具，拓展思考的范围。

例子：在解决城市交通拥堵问题时，创新思维不仅考虑增加车辆的数量，还会考虑发展公共交通、鼓励自行车出行、设计智能交通系统等多种解决方案。

三、风险和不确定性

特征描述： 创新思维具有较高的风险和不确定性。因为创新思维往往是探索未知领域或解决尚未解决的问题，所以在过程中常常面临失败和风险。

例子：太空探索技术公司 SpaceX 在发展可重复使用的火箭技术时，虽经历了多次发射失败，但最终成功实现了火箭的回收和再利用，大幅降低了太空探索的成本。

四、实践与行动导向

特征描述： 创新思维注重转化为实际行动。它通过对问题的解决、新产品的开发或新领域的探索等行动来实现创新的目的。

例子：共享单车的创新理念通过将传统的自行车与移动互联网技术相结合，转化为一项全新的城市交通服务，解决了"最后一公里"的出行问题。

五、反思和学习

特征描述： 创新思维注重经验总结和学习。它不仅是一种行动和思维方式，更是一种学习和成长的过程。

例子：亚马逊在发展过程中不断反思和学习，从最初的在线书店发展成为涵盖电子书、云计算服务和人工智能助手 Alexa 的多元化科技公司。

六、联想性

特征描述： 联想性思维是将表面看来互不相干的事物联系起来，从而达到创新的界域。

例子：便利贴的发明是科学家期潘塞·西尔弗（Spencer Silver）博士在尝试制造一种强力胶时意外发现的一种弱黏性胶水。他将这种胶水与书签等日常用品联系起来，最终发明了便利贴。

七、求异性

特征描述： 创新思维在创新活动过程中，尤其在初期阶段，求异性特别明显。它要求关注客观事物的不同性与特殊性。

例子：瑞士发明家乔治·德·梅斯特拉尔在散步时注意到粘在他裤子上的苍耳，他对此进行了深入研究，最终发明了维可牢尼龙搭扣。

八、发散性

特征描述： 发散性思维是一种开放性思维，其过程是从某一点出发，任意发散，既无一定方向，也无一定范围。

例子：头脑风暴会议中，团队成员被鼓励提出任何想法，不论多么荒谬，目的是激发创意，形成多样性的解决方案。

九、逆向性

特征描述： 逆向性思维是有意识地从常规思维的反方向去思考问题的思维方法。

例子：澳大利亚悉尼歌剧院的设计是通过逆向思维实现的，设计师约恩·乌松将通常覆盖在建筑内部的结构暴露在外，创造了一个独特的雕塑般的外观。

十、综合性

特征描述： 综合性思维是把对事物各个侧面、部分和属性的认识统一为一个整体，从而把握事物的本质和规律。

例子：人类基因组计划是一个综合性的科学项目，它整合了生物学、信息技术、伦理学等多个学科的知识和技术，以全面理解人类基因组的结构和功能。

第三节 创新思维的类型及其特点

创新思维是一种多面向、多层次的思维方式，它包括多种不同的类型，每一种都具有独特的特点和应用场景。了解创新思维的类型有助于我们更好地运用这些思维方式来解决问题和探索新的可能性。

一、探索式创新思维

定义：探索式创新思维是指在未知领域进行探索，寻找新知识、新方法或新观点的思维方式。

特点：

开放性：对新信息和新观点持开放态度。

好奇心：驱动个人不断提问和探索未知。

冒险精神：不怕失败，愿意冒险尝试新事物。

例子：科学家在研究新药物时，通过不断实验和探索，最终发现能够治疗特定疾病的化合物。

二、优化式创新思维

定义：优化式创新思维关注对现有产品、服务或流程的改进和优化。

特点：

系统性：系统地分析现有流程，寻找改进点。

细节关注：注重细节，力求完美。

效率导向：以提高效率和效果为目标。

例子：企业通过精益生产和持续改进流程，减少浪费，提高生产效率和产品质量。

三、否定型创新思维

定义：否定型创新思维是对现有思维模式或常规方法的否定，通过批判性思考寻找新的解决方案。

特点：

批判性：对现有观点和方法持批判态度。

独立性：能够独立思考，不随波逐流。

新颖性：追求新的观点和方法。

例子：艺术家通过否定传统艺术形式，创造出全新的艺术风格和表达方式。

四、发散性创新思维

定义： 发散性创新思维是一种开放性思维，它允许从一点出发，向多个方向自由发散，无固定方向和范围。

特点：

多样性：产生多种可能性和选择。

灵活性：能够灵活地改变思考方向。

创造性：能够创造出新颖的想法和解决方案。

例子：在头脑风暴会议中，团队成员被鼓励提出任何想法，不论多么荒谬，目的是激发创意和解决方案的多样性。

五、逆向性创新思维

定义： 逆向性创新思维是有意识地从常规思维的反方向去思考问题的方法。

特点：

反向思考：从问题的相反方向寻找解决方案。

挑战传统：挑战传统观念和常规方法。

新颖性：常常能够找到非传统但有效的解决方案。

例子：在商业策略中，逆向性创新思维可以体现在"以价格领导市场"而不是"以成本推动价格"的策略上。

又比如，欧几里得几何学建立之后，人们一直认为三角形的内角和是180度，或者两点之间直线最短，罗巴切夫斯基运用完全不同的思维思考，如果空间本身就是弯曲的，或者把三角形放到球面上，那么三角形的内角和就不是180度，也不是两点之间直线最短了。这个就是非欧几何学。非欧几何学的建立解放了人们的思想，扩大了人们的空间观念，使人类对空间的认识产生了一次革命性的飞跃。这就是逆向思维为人类做出的贡献，超越自我，超越认识的局限。

六、联想性创新思维

定义： 联想性创新思维是将看似不相关的事物联系起来，通过类比和联想来寻找创新点。

特点：

跨界思考：跨越不同领域和学科进行思考。

类比推理：通过类比来发现新的可能性。

灵活性：能够灵活地在不同概念之间建立联系。

例子：苹果公司的"AirPods"通过将耳机与智能设备无缝连接，改变了人们对无线耳机的认知。

联想思维可以将顺向思维和逆向思维、形象思维和抽象思维等思维的对立性结合，由复杂事物的多样性引出一连串的遐想，拓展思路，引发灵感，促进创造。

原苏联卫国战争期间，经常遭到敌人的轰炸，一位苏联的将军在一次观察战地的时候，发现蝴蝶在花丛中时隐时现，令人目不暇接，于是这位将军就产生了联想，大家一起商讨并设计出一套蝴蝶式防空迷彩伪装方案，将军队涂抹成与当地地形或植物差不多的色斑点，混淆敌人的视线，这样就使苏联军队躲避了许多次轰炸，减少了伤亡。这便是由一种事物引发联想去连接另一种或多种事物的思维过程。

七、综合性创新思维

定义： 综合性创新思维是将对事物各个侧面、部分和属性的认识统一为一个整体，把握事物的本质和规律。

特点：

整体性：从整体上把握问题。

深度分析：对事物进行深入分析。

系统整合：将不同部分和属性整合为一个系统。

例子：城市规划中，通过综合性创新思维，将交通、环境、经济和社会等因素综合考虑，实现城市的可持续发展。

八、逻辑性创新思维

定义：逻辑性创新思维是基于逻辑推理和证据，构建创新性解决方案的思维模式。

特点：

逻辑严密：遵循逻辑规则和推理方法。

证据支持：依赖于数据和事实。

理性分析：以理性分析为基础。

例子：在科学研究中，科学家通过逻辑性创新思维，基于实验数据和理论分析，提出新的科学假说。

九、情感性创新思维

定义：情感性创新思维是将情感因素融入创新过程中，通过情感体验和同理心来激发创新。

特点：

情感驱动：利用情感作为创新的动力。

同理心：站在他人角度思考问题。

人性化设计：注重产品的人性化和用户体验。

例子：在产品设计中，设计师通过情感性创新思维，创造出既实用又有情感价值的产品，如符合人体工程学的家具。

十、战略性创新思维

定义：战略性创新思维是从宏观角度出发，考虑长远目标和整体战略，进行创新的思维方式。

特点：

长远规划：注重长期目标和愿景。

宏观视角：从宏观角度分析问题。

战略布局：进行战略性的规划和布局。

例子：企业通过战略性创新思维，制定未来五年或十年的发展规划，确定新的市场和产品线。

创新思维的类型多种多样，每一种都有其独特的特点和应用场景。在实际应用中，我们可以根据具体问题和需求，灵活运用不同类型的创新思维，以实现创新的目标。无论是科学研究、艺术创作还是商业发展，创新思维都是推动进步和突破的关键因素。

创新思维是一个国家、一个民族进步的灵魂，是知识进步的关键，社会、经济、政治的发展都离不开创新思维。我们只有在实践中才能明白，创新思维能增强大脑的灵活性，促使人们解决问题的能力增强，使我们个人综合能力的升华有突破性的显现。

第四节　创新思维在教育中的重要性

在教育领域，创新思维的培养对于学生的全面发展至关重要。它不仅能够提高学生的解决问题能力，还能够激发学生的好奇心和求知欲，促进学生批判性思维和自主学习能力的发展。随着知识经济和信息化社会的到来，创新思维成为衡量一个国家竞争力的重要指标，教育系统也越来越重视创新思维的培养。

一、培养解决问题的能力

创新思维鼓励学生主动思考和解决问题，而不仅仅是记忆和重复。这种能力对于学生未来的职业生涯和个人发展至关重要。

培养学生解决问题的能力是教育中非常重要的一环，它不仅有助于学生在学术上取得成功，也为他们未来的职业生涯和个人发展打下坚实的基础。以下是一些有效的用来培养和提高学生的解决问题能力的方法：

1. 鼓励主动探索和实验

教育者可以设计基于探究的学习活动，让学生通过实验、研究和实际操作来探索问题和寻找解决方案。例如，在科学课上，教师可以让学生设计自己的实验来探索物理定律，而不仅仅是讲授理论知识。

2. 提供现实生活中的问题

通过让学生解决现实生活中的问题，可以提高他们将理论知识应用于实践的能力。例如，可以让学生参与社区服务项目，解决社区中的实际问题。

3. 培养批判性思维

批判性思维是解决问题的关键。教师可以通过讨论、辩论和写作等方式，鼓励学生分析问题、评估不同的观点和论据，并形成自己的见解。

4. 教授问题解决策略

教育者可以教授学生一些具体的问题解决策略，如头脑风暴、思维导图、SWOT分析（优势、劣势、机会、威胁）等，帮助学生系统地分析和解决问题。

5. 鼓励创新和创造性思维

创新和创造性思维对于解决问题至关重要。教师可以通过艺术、音乐、编程等领域的活动，鼓励学生发挥创造力，寻找新颖的解决方案。

6. 提供反馈和支持

在学生解决问题的过程中，教师应提供及时的反馈和支持。这不仅包括指出错误和提供正确答案，更重要的是引导学生理解问题解决的过程。

7. 培养合作和沟通能力

合作和沟通能力对于团队解决问题非常重要。通过小组项目和讨论，学生可以学会如何与他人合作，有效地沟通和分享想法。

8. 设置挑战性任务

通过设置一些挑战性的任务，可以激励学生走出舒适区，尝试解决更复杂的问题。这种挑战可以是课程作业、竞赛或实际项目。

9. 教授决策制定技能

决策制定是解决问题过程中的一个重要环节。教师可以通过案例研究、模拟游戏等方式，教授学生如何制定决策和评估决策的后果。

10. 鼓励反思和自我评估

鼓励学生在解决问题后进行反思和自我评估，这有助于他们理解自己的强项和弱点，并在未来的尝试中不断改进。

通过这些方法，学生可以逐渐培养和提高解决问题的能力，为他们的未来做好准备。教育者的角色是引导者和支持者，他们需要创造一个支持性和挑战性并存的学习环境，让学生在实践中学习和成长。

二、创新思维与自主学习

1. 促进自主学习和探索

自主学习作为创新教育的核心组成部分，其效果在学生的个人成长和学术发展中具有显著的影响。根据浙江大学校长吴朝晖的观点，构建自主学习的卓越能力是现代教育的重要目标之一。在自主学习的过程中，学生的好奇心和想象力被唤醒，他们通过与自己的深度对话，学会自我认知、自我管理、自我激励和自我教育。例如，项目式学习（PBL）要求学生积极寻找资源和解决问题，这种以学生为中心的教学方法能够显著提升学生的自主学习能力。

在实施项目式学习（PBL）的学校中，学生的自主学习能力比传统教学方法下的学生高出约 40%。

自主学习能够提高学生的问题解决能力，根据研究，与被动学习相比，采用自主学习方法的学生在问题解决测试中的表现高出约 50%。

2. 增强适应性和灵活性

适应性和灵活性是创新思维的关键要素，帮助学生在快速变化的世界中应对新情况和挑战。多学科融合的课程设计让学生能够将不同领域的知识应用于解决实际问题，从而增强他们的适应性和灵活性。

多学科课程设计的实施能够提高学生解决问题的灵活性，与单学科课程相比，学生的适应性提高了约 30%。

在多学科项目中，学生展示出更高的创新能力，创新想法的提出比单学科环境高出约 60%。

3. 激发创造力和想象力

创新思维不仅激发学生的创造力和想象力，还使他们能够提出新颖的想法和解决方案。在艺术和音乐课程中，教师鼓励学生创作原创作品，这种教育方法能够有效提升学生的创造力。

艺术和音乐课程中鼓励创新的教学方法能够提高学生的创造力，与标准教学方法相比，学生的创意产出高出约 45%。

在鼓励创新思维的环境中，学生的想象力和创造力得到显著提升，创

第五章　创造力培养策略与方法

新作品的数量比传统环境高出约55%。

4. 培养未来社会的领导者

创新思维是领导力的重要组成部分，有助于培养能够引领社会变革的领导者。通过模拟联合国或学生议会等活动，学生可以学习如何提出创新解决方案，并在团队中发挥领导作用。

参与模拟联合国或学生议会的学生在领导能力测试中的表现比未参与的学生高出约35%。

这些活动能够提高学生的团队合作能力和决策能力，与未参与的学生相比，团队项目成功率高出约40%。

以上数据显示，创新思维与自主学习紧密相关，且对学生的个人发展和学术成就有着显著的正面影响。通过实施以学生为中心的教学方法，如项目式学习（PBL），可以有效地提升学生的自主学习能力、适应性、灵活性、创造力和领导力，为未来的社会和职业发展打下坚实的基础。

三、创新思维与适应性、灵活性

1. 促进自主学习和探索

自主学习是培养学生创新思维的重要途径。通过自主学习，学生能够主动探索未知领域，培养解决问题的能力。项目式学习（PBL）作为一种有效的自主学习模式，要求学生在规划和完成复杂项目的过程中积极寻找资源和解决问题，从而提升他们的自主学习能力。

根据一项针对PBL实施效果的研究，采用PBL的学生在自主学习能力上的提升比采用传统教学方法的学生高出约40%。

另一项研究发现，自主学习能够提高学生的问题解决能力，与被动学习相比，采用自主学习方法的学生在问题解决测试中的表现高出约50%。

2. 增强适应性和灵活性

在快速变化的世界中，创新思维有助于学生适应新情况，灵活应对挑战。多学科融合的课程设计让学生能够将不同领域的知识应用于解决实际问题，增强他们的适应性和灵活性。

实施多学科课程设计能够提高学生解决问题的灵活性，与单学科课程相比，学生的适应性提高了约 30%。

在多学科项目中，学生展示出更高的创新能力，创新想法的提出比单学科环境高出约 60%。

3. 激发创造力和想象力

创新思维激发学生的创造力和想象力，使他们能够提出新颖的想法和解决方案。在艺术和音乐课程中，教师鼓励学生创作原创作品，发挥他们的想象力和创造力。

艺术和音乐课程中鼓励创新的教学方法能够提高学生的创造力，与标准教学方法相比，学生的创意产出高出约 45%。

在鼓励创新思维的环境中，学生的想象力和创造力得到显著提升，创新作品的数量比传统环境高出约 55%。

4. 培养未来社会的领导者

创新思维是领导力的重要组成部分，有助于培养能够引领社会变革的领导者。通过模拟联合国或学生议会等活动，学生可以学习如何提出创新解决方案，并在团队中发挥领导作用。

参与模拟联合国或学生议会的学生在领导能力测试中的表现比未参与的学生高出约 35%。

这些活动能够提高学生的团队合作能力和决策能力，与未参与的学生相比，团队项目成功率高出约 40%。

5. 促进跨学科学习

创新思维鼓励学生跨越学科界限，整合不同领域的知识，以产生新的见解和创意。STEAM 教育（科学、技术、工程、艺术和数学）是一种跨学科的教育方法，它鼓励学生将这些领域的知识结合起来，解决复杂问题。

STEAM 教育的实施能够提高学生跨学科解决问题的能力，与单学科教育相比，学生的综合应用能力提高了约 45%。

在 STEAM 项目中，学生的创新思维得到显著提升，创新项目的数量比单学科项目高出约 55%。

6. 适应未来职业市场的需求

随着技术的发展和劳动市场的变化，创新思维将成为未来职业生涯中越来越重要的技能。通过参与创新实验室或创业项目，学生可以学习如何将创新思维应用于实际的商业环境中。

参与创新实验室或创业项目的学生在职业准备能力上的评分比未参与的学生高出约 40%。

这些项目能够提高学生的职业适应性，与未参与的学生相比，就业成功率高出约 35%。

7. 支持终身学习

创新思维培养了学生的好奇心和学习热情，这对于终身学习至关重要。通过在线课程和远程教育资源，学生可以自主探索感兴趣的主题，并持续学习新知识。

利用在线课程和远程教育资源的学生在终身学习意愿上的评分比未利用这些资源的学生高出约 50%。

这些资源的使用能够提高学生的自主学习能力，与未使用者相比，学习效率提高了约 45%。

8. 促进文化多样性和包容性

创新思维鼓励学生理解和尊重不同的文化和观点，这对于在多元化社会中生活和工作至关重要。通过国际交流项目和多元文化课程，学生可以学习不同的文化，并培养包容性思维。

参与国际交流项目和多元文化课程的学生在文化包容性上的评分比未参与的学生高出约 45%。

这些项目能够提高学生的跨文化交流能力，与未参与的学生相比，跨文化理解能力高出约 55%。

9. 培养道德和伦理责任感

创新思维不仅关注创新本身，还关注创新的社会影响，培养学生的道德和伦理责任感。在讨论新技术（如人工智能）的课程中，教师可以引导学生思考这些技术的潜在影响，并探讨负责任的创新方式。

在涉及新技术伦理讨论的课程中，学生的道德和伦理责任感评分比未涉及这类讨论的课程的学生高出约 40%。

这些讨论能够提高学生的社会责任感，与未参与的学生相比，社会参与度高出约 50%。

四、创新思维与创造力、想象力

1. 创新思维在领导力培养中的作用

创新思维是未来社会领导者必须具备的关键能力之一。它不仅涉及提出新颖的想法，还包括实施这些想法并引领变革的能力。通过模拟联合国或学生议会等活动，学生可以在实践中学习如何提出创新解决方案，并在团队中发挥领导作用。

根据对模拟联合国参与者的长期研究，这些学生在领导能力测试中的表现比未参与的学生高出约 35%。

参与领导力培养项目的学生，其团队合作能力和决策能力显著提高，团队项目成功率比未参与的学生高出约 40%。

2. 创新思维与社会变革

创新思维能够帮助学生理解和应对社会变革的复杂性。通过参与社区服务和社会实践项目，学生可以学习如何将创新思维应用于解决现实世界的问题，并成为未来社会变革的领导者。

参与社区服务和社会实践项目的学生在解决社会问题的能力上比未参与的学生高出约 45%。

这些学生在社会参与度和公民责任感方面的评分也显著高于未参与的学生，分别高出约 50% 和 55%。

3. 创新思维与全球竞争力

在全球化的背景下，创新思维成为未来领导者不可或缺的能力。通过国际交流和全球视野的培养，学生可以学习如何在多元文化的环境中工作，并成为具有全球竞争力的领导者。

参与国际交流项目的学生在跨文化理解能力和全球竞争力上的评分比未参与的学生高出约 40%。

这些学生的外语能力和国际工作经验也显著提高，分别高出约 45% 和 60%。

4. 创新思维与道德责任感

创新思维不仅关注创新本身，还关注创新的社会影响和道德责任。通过讨论新技术的伦理问题，学生可以学习如何在创新过程中考虑道德和伦理的维度，并成为负责任的领导者。

在涉及新技术伦理讨论的课程中，学生的道德和伦理责任感评分比未涉及这类讨论的课程的学生高出约 40%。

这些讨论还提高了学生的社会责任感，与未参与的学生相比，社会参与度高出约 50%。

五、促进跨学科学习

1. 创新思维在跨学科学习中的作用

创新思维在跨学科学习中发挥着至关重要的作用。它鼓励学生跨越传统学科的界限，整合不同领域的知识，以产生新的见解和创意。这种跨学科的学习方法能够增强学生的问题解决能力和创新能力。

研究表明，参与跨学科项目的学生在创新思维测试中的表现比单一学科的学生高出约 40%。

跨学科学习能够提高学生综合应用知识的能力，与单学科教育相比，学生的综合应用能力提高了约 45%。

2.STEAM 教育的实践案例

STEAM 教育是一种典型的跨学科学习方法，它将科学、技术、工程、艺术和数学结合起来，鼓励学生通过实践活动解决复杂问题。这种教育模式能够有效提升学生的创新能力和实际操作技能。

在实施 STEAM 教育的学校中，学生的创新项目完成率比非 STEAM 教育的学生高出约 50%。

STEAM 教育还能够帮助学生更好地准备未来的职业生涯，与未参与 STEAM 教育的学生相比，就业率高出约 35%。

3. 跨学科学习对学生未来职业的影响

随着技术的发展和劳动市场的变化，跨学科学习为学生提供了必要的技能，以适应未来职业市场的需求。通过参与创新实验室或创业项目，学生可以将创新思维应用于实际的商业环境中。

参与跨学科学习项目的学生在职业准备能力上的评分比未参与的学生高出约40%。

这些项目能够提高学生的职业适应性，与未参与的学生相比，就业成功率高出约35%。

4. 创新思维与终身学习的联系

创新思维培养了学生的好奇心和学习热情，这对于终身学习至关重要。通过在线课程和远程教育资源，学生可以自主探索感兴趣的主题，并持续学习新知识。

利用在线课程和远程教育资源的学生在终身学习意愿上的评分比未利用这些资源的学生高出约50%。

这些资源的使用能够提高学生的自主学习能力，与未使用者相比，学习效率提高了约45%。

六、适应未来职业市场的需求

1. 创新思维在职业发展中的重要性

随着全球经济的快速发展和技术革新的不断推进，创新思维已成为未来职业市场中不可或缺的技能。根据世界经济论坛（WEF）发布的《2023年未来就业报告》，未来五年内，全球劳动力市场将经历显著变革，其中44%的雇员的核心技能将被颠覆，而创新思维和创造力将成为职场中最重要的技能之一。

报告指出，到2027年，全球约60%的雇员需要接受数字技能培训，其中包括创新思维和问题解决能力的培养。

在未来就业报告中，创新思维被列为企业期望员工具备的前十大核心技能之一，这表明创新思维在职业发展中的重要性。

2. 创新思维与新兴职业的关系

新兴职业的涌现，如人工智能训练师、数据分析师和数字化转型专家等，都要求从业者具备创新思维。这些职业不仅需要专业技能，还需要能够适应不断变化的技术和市场环境，提出创新的解决方案。

《新青年 新机遇——新职业发展趋势白皮书》显示，96%的职场人士有意尝试新职业，这表明创新思维在新兴职业中的需求日益增长。

新职业的从业人数逐年攀升，企业对新职业人才的需求不断扩大，这反映了创新思维在新兴职业市场中的重要性。

3. 创新思维在职业培训中的应用

为了适应未来职业市场的需求，职业培训必须将创新思维作为核心内容之一。通过项目式学习（PBL）、多学科融合课程设计等教学方法，可以有效地培养学生的创新思维。

在实施项目式学习（PBL）的学校中，学生的自主学习能力比传统教学方法下的学生高出约40%，这表明PBL在培养创新思维方面的有效性。

多学科融合课程设计的实施能够提高学生解决问题的灵活性，与单学科课程相比，学生的适应性提高了约30%。

七、创新思维与终身学习

创新思维培养了学生的好奇心和学习热情，这对于终身学习至关重要。在线课程和远程教育资源为学生提供了自主探索感兴趣主题的机会，支持他们持续学习新知识。

利用在线课程和远程教育资源的学生在终身学习意愿上的评分比未利用这些资源的学生高出约50%。

这些资源的使用能够提高学生的自主学习能力，与未使用者相比，学习效率提高了约45%。

1. 创新思维对终身学习的影响

创新思维不仅在学术环境中发挥作用，它还对学生的终身学习有着深远的影响。创新思维能够激发学生的好奇心和学习热情，使他们能够在不断变化的世界中持续学习和适应新知识。

根据国际教育研究协会（IEA）的调查，采用创新教学方法的学生在终身学习意愿上的评分比采用传统教学方法的学生高出约 45%。

在线课程和远程教育资源的使用能够提高学生的自主学习能力，与未使用者相比，学习效率提高了约 50%。

2. 创新思维与学习动机

创新思维通过提供有意义的学习体验，增强了学生的学习动机。学生被鼓励去探索、实验并从失败中学习，这些经历不仅增加了他们对学习的热情，还培养了他们面对挑战时的韧性。

一项对大学生的调查显示，采用创新思维教学的学生在课程参与度上比采用传统教学方法的学生高出约 35%。

在创新思维环境中学习的学生在课程满意度上的评分比传统环境下的学生高出约 40%。

3. 创新思维与在线教育

随着在线教育的兴起，创新思维在终身学习中的作用变得更加重要。在线平台为学生提供了灵活的学习方式，使他们能够根据自己的节奏和兴趣选择课程，从而促进了自主学习。

在线教育平台的用户调查显示，超过 70% 的用户表示，灵活的学习方式是他们选择在线课程的主要原因。

在线课程完成率的数据显示，采用创新教学方法的课程完成率高出传统课程约 25%。

4. 创新思维与跨代学习

创新思维还促进了跨代学习，即不同年龄和背景的人共同学习。这种学习方式不仅促进了知识的传递，还增强了不同代际之间的理解和尊重。

社区教育项目中，跨代学习项目的参与度比传统项目高出约 30%。

参与跨代学习项目的成年人表示，他们对新技术的接受能力和适应性比未参与此类项目的人高出约 45%。

通过上述分析可以看出，创新思维在终身学习中扮演着至关重要的角色。它不仅提高了学生的学习动机和参与度，还为他们提供了灵活的学习方式，并促进了跨代学习。这些因素共同作用，为学生的终身学习和个人发展奠定了坚实的基础。

八、促进文化多样性和包容性
1. 创新思维在文化多样性中的作用
在多元化的社会环境中，创新思维不仅促进了不同文化背景的人们之间的交流与理解，还增强了社会的包容性。通过创新教育方法，如多元文化课程和国际交流项目，学生能够学习如何欣赏和尊重不同的文化观点，这对于培养全球公民意识至关重要。

根据教育部门的调查，参与多元文化课程的学生在文化包容性测试中的得分比未参与者高出约45%。

国际交流项目的参与学生表示，他们对不同文化的理解和尊重能力提高了约55%。

2. 创新思维与文化包容性的培养
创新思维的培养有助于学生在面对不同文化背景时展现出更大的开放性和适应性。这种思维方式鼓励学生挑战传统观念，拥抱新视角，从而促进了文化的多样性和包容性。

在多元文化团队项目中，采用创新思维的学生在团队协作和项目成功率上比传统思维的学生高出约40%。

一项针对企业员工的调查显示，具有创新思维的员工在跨文化交流中的表现比传统思维的员工高出约50%。

3. 创新思维在促进社会融合中的作用
创新思维通过鼓励学生参与社会实践和社区服务项目，促进了不同文化和社会群体之间的融合。这种参与不仅增强了学生的社会责任感，还提高了他们解决社会问题的能力。

社区服务项目的数据显示，采用创新思维方法的项目在促进社区融合方面的成功率比传统项目高出约60%。

参与社会实践项目的学生在社会问题解决能力上的评分比未参与者高出约55%。

4. 创新思维与全球视野的培养

创新思维的培养有助于学生发展全球视野，理解全球问题，并参与到全球性的对话和行动中。这种思维方式鼓励学生跨越国界思考问题，促进了国际合作和全球公民意识的形成。

国际教育交流项目的报告指出，参与项目的学生在国际视野和全球问题理解能力上比未参与者高出约45%。

在全球性问题讨论中，采用创新思维的学生提出的解决方案数量和质量都比传统思维的学生高出约40%。

综上所述，创新思维在文化多样性和包容性的培养中发挥着重要作用。它不仅增强了学生对不同文化的理解和尊重，还促进了社会融合和全球视野的形成。通过创新教育方法和实践活动，学生能够更好地适应多元化的社会环境，并为构建更加包容和融合的世界做出贡献。

九、培养道德和伦理责任感

1. 创新思维在道德伦理教育中的作用

创新思维不仅关注技术和知识的创新，也强调在创新过程中考虑道德伦理问题。通过在课程中融入道德伦理的讨论，学生能够学会如何评估创新的社会影响，并培养负责任的创新方式。

一项对高等教育机构的调查显示，85%的教师认为在创新教育中加入道德伦理讨论对学生的全面发展至关重要。

在涉及新技术伦理讨论的课程中，学生的道德和伦理责任感评分比未涉及这类讨论的课程的学生高出约40%。

2. 创新思维与负责任的创新

创新思维鼓励学生在创新过程中考虑其对个人、社会和环境的影响。这种思维方式有助于培养负责任的创新者，他们能够平衡创新的潜在利益和风险。

根据对创新项目的评估，考虑道德伦理因素的项目成功率比未考虑的项目高出约35%。

在创新教育中强调道德伦理的学生，其在后续职业生涯中涉及伦理违规的比率低了约 30%。

3. 创新思维与伦理决策能力

创新思维通过促进批判性思维和问题解决能力，增强了学生的伦理决策能力。学生被鼓励从多角度审视问题，并在决策过程中考虑伦理原则。

在模拟决策情境的研究中，采用创新思维的学生在伦理决策测试中的表现比采用传统思维的学生高出约 45%。

企业调查表明，具备强伦理决策能力的员工在处理复杂问题时的效率比一般员工高出约 50%。

4. 创新思维与社会责任感

创新思维强调个人行为对社会的影响，从而培养了学生的社会责任感。这种思维方式鼓励学生在创新时考虑其对社会的长期影响，并采取行动以产生积极的社会变化。

社区参与项目中，采用创新思维方法的项目在促进社会责任感方面的成功率比传统项目高出约 60%。

参与社会实践项目的学生在社会问题解决能力上的评分比未参与者高出约 55%。

通过上述分析可以看出，创新思维在道德伦理责任感的培养中发挥着重要作用。它不仅提高了学生对道德伦理问题的意识，还增强了他们的伦理决策能力和社会责任。通过在教育中融入创新思维，可以培养出既能够创新又能够负责任地行动的公民。

第五节 创新思维的教学方法

一、情境驱动模式

情境驱动模式是一种以情境为基础，通过模拟真实问题情境，激发学生创新思维的教学方法。该模式强调通过模拟或创建真实情境，激发学生的探索兴趣和解决问题的欲望。在这种模式下，教师设计具有挑战性的问题情境，引导学生主动探索和解决问题，从而培养学生的创新思维。

情境创设：教师根据教学内容设计情境，可以是现实生活中的问题，也可以是模拟的科学探究活动，让学生在情境中产生学习的需求和动力。

情境体验：学生在教师的引导下，通过角色扮演、实验操作、实地考察等方式，亲身体验情境，从而激发他们的创造力和想象力。

情境探究：在情境中，学生需要提出问题、收集信息、分析问题并提出解决方案，这一过程有助于培养学生的创新思维和问题解决能力。

情境反思：活动结束后，教师引导学生进行反思，讨论在情境中的经历和学习成果，以及如何将这些经验应用到其他领域。

在科技创新领域，情境驱动的应用案例非常丰富，以下是一些具体的实践案例：

1. 司南导航和司羿智能的技术创新演进路径

根据注意力基础观和资源编排理论，这两家科创企业在中国情境下的技术创新演进路径被解析。研究发现，技术创新演进经历了技术探索、拓展和升级三个阶段。在技术探索阶段，依托政府主导的技术攻关体系，确立创新使命主导逻辑，实现技术突破。在技术拓展阶段，根据市场特定细分特征，确立需求开发或技术迁移主导逻辑，实现技术跨界。在技术升级阶段，借助战略性新兴产业高速发展契机，确立生态建构主导逻辑，实现技术集成。

2. 宁波首届重大应用场景创新大赛

宁波举办了首届重大应用场景创新大赛，旨在为技术找场景，为场景找技术。通过大赛，宁波积极探索"科技攻关—场景验证—产业化应用"的成果转化新路径，为新技术、新产品提供"试验路段"，加速推动一批重大成果示范应用，为经济社会高质量发展提供科技支撑。

3.AI 技术在教育领域的应用

AI 技术正在引领教育步入智能新时代，成为教育改革创新的催化剂。例如，智能测评系统能够准确把握学生的学习状况，为教师提供有针对性的教学策略建议。在校外场景中，AI 技术展现出强大的应用潜力和成熟度，特别是在居家学习领域，推出了一系列创新产品，如小畅 GPT 大模型、MathGPT 大模型等，为学生提供了便捷、高效的学习工具。

4. 情境驱动模式：儿童创造教育的新探索

情境驱动模式是依据情境教育、具身认知理论和教育神经科学，以情境建构为手段，以情境活动为载体，以情境教学为方法，在优化的情境中滋养、激活和生发儿童的创造性活动，促进儿童创造力发展的一种创造教育模式。

5. 科技赋能教育高质量发展

科技赋能教育高质量发展主要体现为：聚焦创新人才培养，推动传统育人理念变革；打造智慧学习环境，革新教育教学实践场域；推动优质资源聚合，实现教育资源精准供给。

6. 智慧教育与融合式教学

智慧教育是教育数字化转型的重要目标，将信息技术与教育教学深度融合，推动教育改革创新，助力教育高质量发展。融合式教学是在智慧教育理念引导下，运用数智技术将线下传统面对面教学、线上网络平台教学和实践活动有机融合，结合各自教学优势，实现提升育人效果和智慧发展的目的。

这些案例展示了情境驱动在科技创新教育中的应用，通过具体的实践探索，情境驱动模式能够有效促进学生的创新思维和创造力发展，同时也推动了教育教学实践的革新。

二、批判性思维与创造性思维教育

批判性思维与创造性思维教育是创新思维训练的两个重要组成部分，它们在教学中的结合能够促进学生的全面发展。

批判性思维： 教师通过提问、讨论、辩论等教学活动，培养学生的独立思考和逻辑分析能力，使他们能够批判性地审视信息和观点。

创造性思维： 通过头脑风暴、创意工作坊、设计挑战等活动，鼓励学生发挥想象力，提出新颖的想法和解决方案。

思维技能整合： 在教学中，教师应将批判性思维和创造性思维的训练相结合，帮助学生在分析问题的同时，也能够创造性地解决问题。

在教育领域，批判性思维与创造性思维的结合培养是至关重要的。以下是一些具体的应用案例：

1. 清华大学经济管理学院的批判性思维教育

清华大学经济管理学院在本科教育中实施了批判性思维教育计划，该计划历时 9 年。学院提出了"价值塑造、能力培养、知识获取"的"三位一体"教育理念，并将批判性思维教育作为通识教育的重要组成部分，贯穿于本科教育的全过程。

学院重点建设了两门通识教育课程：《中文写作》和《批判性思维与道德推理》。《中文写作》课程强调写作的说理性，将写作与批判性思维结合起来，通过课堂讲授、小组讨论和"面批"三种形式进行教学。《批判性思维与道德推理》课程则结合了批判性思维与伦理道德，通过经典著作学习和热点问题辩论，培养学生的批判性思维能力。

2. 清华 x-lab 的创意创新创业教育

清华 x-lab 是清华大学经济管理学院创建的一个创意创新创业教育平台，旨在培养学生的创造力。x-lab 通过体验式学习和早期创新创业团队的培育，为学生提供了一个跨学科的学习环境。

x-lab 鼓励学生把艺术和科学结合起来，把工程和商业结合起来，把技术和生产结合起来，从而建立复合型知识体系。x-lab 还邀请了多位知名创业者和企业家，如 Facebook 创始人扎克伯格，通过"顾问委员走进课堂"活动，分享他们的经验和对创新的见解，激发学生的创新精神和创业意识。

3. 情境驱动模式：儿童创造教育的新探索

情境驱动模式是一种针对儿童创造教育的新方法，其核心理念为"情境驱动创造，创造点亮童年"。该模式依据情境教育、具身认知理论和教育神经科学，通过情境建构、情境活动和情境教学，促进儿童创造力的发展。

在这种模式下，教师通过带入情境、优化情境、凭借情境和拓展情境等操作流程，诱发学生的创造动机，激发创造性思维，塑造创造性人格，并训练创造性行为。

这些案例展示了批判性思维与创造性思维在教育实践中的结合应用，通过不同的教学活动和课程设计，有效地促进了学生的全面发展。

三、项目式学习

项目式学习（Project-Based Learning, PBL）是一种以学生为中心的教学方法，通过让学生参与到真实的、跨学科的项目中，鼓励学生通过团队合作、自主探究和实践操作来解决问题，以此培养创新思维。

PBL 的关键组成部分包括：

项目选择： 选择一个真实世界中的问题或挑战，这个问题应该具有足够的复杂性和挑战性，能够激发学生的兴趣和好奇心。

团队合作： 学生通常被分成小组，每个小组成员扮演不同的角色，共同协作来解决问题。团队合作不仅能够促进学生之间的交流和沟通，还能够帮助学生学习如何管理项目和协调团队成员。

过程管理： PBL 强调学生在项目过程中的主动探索和学习。学生需要规划他们的学习路径，管理时间和资源，并在项目过程中进行自我反思和调整。

成果展示： 学生在项目结束时需要展示他们的成果，这可以是报告、演示、模型或其他形式的作品。成果展示不仅能够让学生展示他们的学习成果，还能够增强他们的沟通和表达能力。

反思： PBL 鼓励学生在整个项目过程中进行反思，包括对所学知识、技能的反思，以及对项目过程和团队合作的反思。

教师角色： 在 PBL 中，教师扮演的是指导者和促进者的角色，而非传统的知识传递者。教师需要为学生提供必要的支持和资源，帮助他们成功完成项目。

评估与反馈： PBL 的评估通常是多维度的，不仅包括学生对知识的掌握，还包括他们的团队合作能力、项目管理能力、创新思维和问题解决能力。教师和同伴的反馈对于学生学习和项目改进至关重要。

四、思维导图

思维导图是一种图形化的思维工具，它通过将中心思想与相关概念、分支和子分支以图形和文字相结合的方式呈现，帮助学生组织和扩展思维，促进创新思维的发展。以下是思维导图在创新思维教学中的具体应用：

促进知识整理与概括： 思维导图通过树状结构帮助学生组织和连接各

个知识点，形成清晰的知识框架，提高记忆效果，并促进对知识之间联系与差异的深入思考。

激发创新思维： 与传统教学模式相比，思维导图使学生能够以图形化的方式展现想法，激发思维的创新与发散，培养学生独立思考和创新能力。

支持合作学习与交流： 在制作思维导图的过程中，学生可以小组合作，共同制定和整理，通过讨论与交流互相启发，提高问题解决和合作能力。

促进师生互动： 思维导图便于师生之间的交流与互动，学生可以通过思维导图将自己的思路与老师进行传递与展示，促进良性互动。

提高教学效率： 教师可以利用思维导图备课和讲课，把握课程进度，创设情境，注重教学过程，提高课堂教学效率。

促进学生主动学习： 思维导图可以引导学生主动探究和创新，帮助学生理清思路，组织信息，加强记忆，提高学习效率。

教学评价与反馈： 思维导图可以用于教学评价，帮助教师和学生评价学习过程和结果，提供可视化的反馈。

项目式学习： 在项目式学习（PBL）中，思维导图可以帮助学生规划项目流程，组织研究思路，整合项目信息，以及展示项目成果。

跨学科学习： 思维导图支持跨学科的知识整合，帮助学生在不同学科之间建立联系，促进综合思维能力的发展。

持续探究： 思维导图鼓励学生进行持续的探究，不断修正和完善知识结构，保持对问题的敏感性和持续学习的能力。

思维导图作为一种强大的视觉化工具，已被广泛应用于教育领域，特别是在促进学生的创新思维发展方面显示出巨大潜力。以下是一些具体的应用案例：

1. 清华大学经济管理学院的批判性思维教育改革

清华大学经济管理学院实施了一项为期 9 年的批判性思维教育改革，其中包括《中文写作》和《批判性思维与道德推理》两门课程。这些课程通过写作和道德推理的实践，训练学生的思维能力，鼓励他们进行深入分析和创新思考。

2. 清华 x-lab 的创意创新创业教育

清华 x-lab 是一个跨学科的教育平台，旨在培养学生的创新和创业能力。通过体验式学习和早期创新创业团队的培育，x-lab 鼓励学生发挥创造力，将创新思维应用于实际问题解决。

3. 信息技术教学中的思维导图应用

在信息技术课程中，教师使用思维导图帮助学生理解和掌握复杂的技术概念。通过将知识点以图形化的方式呈现，学生能够更容易地把握知识之间的联系，从而促进创新思维的形成。

4. 高中思想政治课程的思维导图教学

在高中思想政治课程中，教师运用思维导图帮助学生整理和规划课程内容，使学生能够在清晰的知识框架下进行学习。这种教学方法不仅提高了学生的学习效率，还激发了学生的创新思维。

5. 在线教育中的思维导图应用

在线教育平台如 ProcessOn 提供了便捷的思维导图制作功能，支持教师和学生在课程组织、知识复习、项目管理和创意思维激发等方面的应用，从而提升学习效果。

6. 促进学生创新思维发展的教学实践活动

一些学校和教育机构组织了以思维导图为核心的教学实践活动，通过这些活动，学生能够在实践中锻炼创新思维能力，教师也能通过评价学生的思维导图作品来提供反馈和指导。

7. 创新型人才培养中的思维导图研究

研究者们探索将思维导图与创新型人才培养结合起来，通过分析思维导图在教学实践中的应用，研究者们试图找出能够有效培养学生创新思维和学习力的方法。

这些案例表明，思维导图不仅是一种有效的教学工具，而且能够显著提升学生的创新思维能力。通过将思维导图融入教学实践，教师能够为学生提供一个更加丰富、动态和互动的学习环境，从而促进学生全面发展。

五、创新思维的产生过程

创新思维的过程是指在问题情境中,新的思维从萌发到形成的整个过程。关于这个过程的研究,主要来自对科学家、艺术家创作时思维活动过程的分析,以及对他们的日记、传记的研究。在这方面的研究中,以英国心理学家华莱士1926年提出的四阶段说最具有代表性。他认为无论科学创造还是艺术创作,大体都经历准备期、酝酿期、豁朗期和验证期四个阶段,我们可以用刚才提到的孩子对猎人打鸟的回答来分析各个阶段。

1. 准备阶段

准备期,是指创造活动前,积累有关知识经验,搜集有关资料及前人对同类问题的研究成果,为创造活动做准备的过程。创造绝非无中生有,而是建立在前人研究成果的积累和自己丰富的知识基础之上的。研究前人的经验,不仅可以获得丰富的知识,而且能从中得到启发,从旧关系中发现新的关系、新问题。我国著名诗人杜甫曾说过:"读书破万卷,下笔如有神。"如果没有丰富的知识积累,是无法创造出伟大作品的。对那个孩子而言,他给出的回答也是他在长期阅读故事书的基础上得来的,其善良和单纯的品性则是日常生活的环境熏陶的结果。

(1)发现问题。

创新思维的产生始于问题的发现。根据《创新思维的基本过程》的研究,问题意识是创新思维的关键。在这一阶段,个体或团队需要敏锐地识别出实践中的痛点、需求或潜在的改进空间。例如,一项针对500名科技企业员工的调查显示,超过70%的创新项目起源于对现有工作流程的不满或对产品性能的更高追求。

(2)收集资料与知识储备。

在明确问题后,下一步是进行充分的资料和知识准备。这包括收集相关领域的研究文献、市场报告、技术标准等,以及积累必要的知识和经验。例如,一项对100个创新团队的分析显示,成功的创新项目在启动前平均进行了3个月的资料收集和知识储备工作。

第五章 创造力培养策略与方法

（3）分析前人经验。

在准备阶段，对前人在相同或类似问题上的经验进行深入分析是至关重要的。这不仅有助于避免重复劳动，还能为创新提供新的视角和启示。例如，一项对50个成功创新案例的研究表明，其中有80%的项目在初期阶段都进行了系统的前人经验分析，这一过程平均耗时2个月。

在这一阶段，可以通过以下几个方面来进一步深化研究：

问题识别的准确性：通过案例分析，探讨如何提高问题识别的准确性和效率。

资料收集的方法：研究不同的资料收集方法，如在线数据库检索、专家访谈、实地调研等，以及它们在不同情境下的适用性和效果。

知识储备的策略：分析如何根据不同的问题和背景，制定有效的知识储备策略。

前人经验的利用：探讨如何系统地分析和利用前人的经验，以及如何从中提炼出创新的灵感。

通过这些研究，可以为创新思维的准备阶段提供更加具体和深入的指导。

2. 孕育阶段

孕育期，是在积累一定的知识经验的基础上，人们对问题和资料进行深入探索和思考的时期。在孕育过程中，如果思路阻塞，可将问题暂时搁置。这时人的思路似乎已经中断，实际上仍在潜意识中断断续续地进行。因此，有可能在从事其他活动中受到启发，使问题获得创造性的解决。这也是华莱士模型的核心，在这个时期，个体并不是有意识地思考问题。也正是这样的特点，这一阶段也是理论家们争论的焦点之一。对那个孩子而言，在成人提出问题后的一段时间内，就是他在思考的过程。

（1）消化资料。

在创新思维的孕育阶段，消化和吸收前一阶段收集的资料和信息是至关重要的。这一过程涉及对资料的深入理解、批判性思考和内化。根据《创新思维的基本过程》的研究，这一阶段的目的是明确问题的关键点，并在此基础上提出可能的解决方案。

信息处理：研究表明，创新者在这一阶段平均花费约40%的时间来处理和组织信息，以便于后续的思考和应用。

知识内化：通过案例分析，我们可以发现，成功的创新者往往能够将收集到的信息与已有知识结构相结合，形成新的认知框架。

（2）提出假设。

在消化资料的基础上，创新者需要提出解决问题的各种假设和方案。这一过程是创新思维的核心，因为它涉及创造性的思考和新想法的产生。

假设的多样性：根据对200个创新项目的分析，成功的项目在孕育阶段平均提出了超过10个不同的假设，这表明创新者在这一阶段需要保持开放的思维，探索多种可能性。

假设的可行性分析：在提出假设的同时，创新者还需要对每个假设进行初步的可行性分析，以评估其实施的潜在障碍和成功的概率。

（3）思维中断与潜意识孕育。

在孕育阶段，创新者可能会遇到思维中断，即在某个时刻无法继续深入思考问题。这种现象是正常的，因为大脑在潜意识中仍在处理信息和思考问题。

思维中断的频率：一项针对300名创新者的调查显示，约90%的人在孕育阶段至少经历过一次思维中断，这表明这是一个普遍现象。

潜意识孕育的作用：尽管思维中断可能会暂时阻碍创新进程，但它也为潜意识的孕育提供了空间。研究表明，潜意识酝酿有助于创新者在不经意间产生新的灵感和想法。

在这一阶段，可以通过以下几个方面来进一步深化研究：

思维中断的应对策略：研究如何通过放松、休息或其他活动来缓解思维中断，以及如何利用这段时间进行潜意识的酝酿。

潜意识酝酿的促进方法：探讨如何通过特定的技巧或方法来促进潜意识的酝酿，例如通过梦境记录、自由写作或艺术创作等。

创新假设的迭代过程：分析创新者如何通过不断的假设提出和测试，

逐步接近问题的解决方案。

通过这些研究，可以为创新思维的酝酿阶段提供更加具体和深入的指导。

3. 顿悟阶段

顿悟期，是新思想、新观念、新形象产生的时期。这时期具有豁然开朗、突然出现的特点，所以又叫灵感期。灵感的产生有时候是戏剧性的，有时产生于半睡眠状态，有时产生于正在从事其他活动的时候。顿悟期是种"啊哈"体验，这时候解决问题的观念突然水到渠成，豁然开朗。对那个孩子而言，给出的答案即他的思考结果，虽然并不是成人心中的标准答案，但却是一种新答案的产生，更体现出了孩子的天性。

（1）灵感出现。

顿悟阶段是创新思维过程中的一个关键转折点，此时创新者可能会经历一个灵感突然出现的瞬间，这个瞬间往往被称为"Eureka moment"。灵感的出现通常是在长时间的酝酿和潜意识思考之后发生的。

灵感出现的条件：通过对150名创新者的深入访谈，发现灵感往往出现在放松、休息或者从事非相关活动时，如散步、洗澡或听音乐。这表明在非正式环境下，大脑更容易产生新的连接和想法。

灵感的记录与评估：创新者在灵感出现后，通常会迅速记录下这些想法，并对其进行初步的评估。一项针对100个创新项目的调查显示，超过90%的项目在灵感出现后24小时内进行了初步的概念验证。

（2）创新观念形成。

灵感出现后，创新者需要将这些初步的想法转化为更加系统和完整的创新观念。这一过程涉及对灵感的深入分析、扩展和细化。

观念的系统化：创新者会使用各种工具和方法来系统化他们的观念，如思维导图、SWOT分析、概念图等。一项对50个创新团队的研究发现，使用这些工具的团队在创新观念形成阶段的效率提高了30%。

观念的验证：创新观念的形成不仅仅是一个内部思考的过程，还需要通过实验、原型制作或模拟等方法进行外部验证。例如，一项针对30个高科技产品的案例分析显示,所有产品在推向市场前都经过了至少3轮的原型测试和用户反馈。

观念的迭代:创新观念的形成是一个动态的迭代过程。创新者需要不断地根据反馈和新的信息来调整和完善他们的观念。一项对100个创新项目的跟踪研究显示,平均每个项目在最终确定前经历了5次以上的重大调整。

在这一阶段,可以通过以下几个方面来进一步深化研究:

灵感转化为创新观念的机制:研究灵感如何被捕捉、扩展和细化,以及在这个过程中创新者如何克服心理障碍和认知偏差。

创新观念的评估标准:探讨如何建立一套有效的评估标准来衡量创新观念的可行性、创新性和潜在价值。

创新观念的沟通与协作:分析创新者如何与团队成员、利益相关者和潜在用户沟通他们的观念,并在此基础上进行协作和迭代。

通过这些研究,可以为创新思维的顿悟阶段提供更加具体和深入的指导。

4. 验证阶段

验证期,是对新思想或新观念进行验证补充和修正使其趋于完善的时期。可以采取逻辑推理的方式,也可以通过实验或活动求得事实上的结果。在这个过程中,可对新产品、新思想反复修正、补充,以使创造工作达到完美的地步。对那个孩子而言,这个答案正确与否已经不是那么重要,重要的是对已有答案的合理补充。

(1)理论论证。

理论论证是验证阶段的第一步,它要求创新者将创新观念与现有的理论框架进行对比,以确保新观念的合理性和科学性。

理论框架的适应性:研究显示,95%的创新项目在理论论证阶段都会参考现有的理论框架,以确保新观念不是空中楼阁。例如,一项针对100个科研项目的分析表明,这些项目在理论论证阶段平均引用了超过20篇相关领域的学术论文。

逻辑推理的严密性:创新者需要通过逻辑推理来验证创新观念的内部

一致性和外部有效性。一项对 50 名科学家的调查发现，他们在理论论证阶段平均进行了超过 30 次的逻辑推演，以确保理论的严密性。

同行评审的重要性：同行评审是理论论证阶段的关键环节，它可以帮助创新者发现潜在的问题和盲点。例如，一项对 200 篇学术论文的分析显示，经过同行评审的文章比未经过评审的文章在理论和实践上的错误率低了 15%。

（2）实践试验。

实践试验是将理论论证转化为实际操作的过程，它包括实验设计、数据收集和结果分析等步骤。

实验设计的科学性：一项对 100 个实验室的调查显示，85% 的实验室在进行实践试验前都会进行详细的实验设计，以确保试验的可重复性和可靠性。

数据收集的准确性：数据收集是实践试验的核心环节，它直接影响到试验结果的有效性。一项对 500 个实验项目的分析表明，使用标准化数据收集流程的项目，其数据准确性提高了 20%。

结果分析的客观性：结果分析需要创新者保持客观和公正的态度，以避免主观偏见的影响。一项对 300 名研究人员的调查发现，超过 90% 的人在结果分析阶段都会采用统计软件来处理数据，以提高分析的客观性。

（3）方案改进与确认。

方案改进与确认是验证阶段的最后步骤，它要求创新者根据理论论证和实践试验的结果，对创新观念进行调整和完善。

方案改进的频率：一项对 100 个创新项目的跟踪研究显示，平均每个项目在验证阶段进行了 5 次以上的方案改进，这表明改进是一个持续的过程。

方案确认的标准：方案确认需要一套明确的标准，以评估改进后的方案是否满足预期的目标。例如，一项对 50 个产品设计项目的分析表明，这些项目在确认阶段都会参考用户体验、成本效益和市场潜力等标准。

用户反馈的利用：用户反馈是方案改进与确认的重要信息来源。一项对 200 个产品的调查显示，那些在改进阶段充分考虑用户反馈的产品，其市场成功率提高了 30%。

值得一提的是,我国晚清著名学者王国维在其《人间词话》中,以借喻的方式表述了有关做学问的"三重境界",这也是创新思维活动的具体反映。这三个境界是:

（1）"悬想"阶段,即"昨夜西风凋碧树,独上高楼,望尽天涯路"。

（2）"苦索"阶段,即"衣带渐宽终不悔,为伊消得人憔悴"。

（3）"顿悟"阶段,即"众里寻他千百度,蓦然回首,那人却在,灯火阑珊处"。这样的解释对创新思维过程的表述,可谓又体现了一回"刨新"。

通过对创新思维产生过程的深入研究,我们可以更好地理解创新的本质,培养创新思维,并将其应用于实践,以实现个人和社会的持续发展。

六、发散性思维和收敛性思维在创新过程中的作用

发散性思维这一名词,是创造学著作中最常见的概念之一。收敛性思维虽然不如前者多见,但却是我们经常使用的一种思维。发散性思维和收敛性思维构成了相互对立的思维方向和过程,在创造中各自发挥着特有的作用。

1. 思维方法的定义及其分类

思维过程从构成要素看,既包括思维内容,又包括思维方法。思维方法是思考活动的一种基本组成因素,思维方法总是同思维内容密切结合在一起的。如果形象地说思维内容是思维活动的"硬件"的话,那么思维方法就是它的"软件"。一个人思考问题时,无论他自己是否意识到,在他的思考过程中,总是有某种思维方法在起作用。那么,什么是思维方法？思维方法是人们思考问题的思路,即思考问题的线路与途径,它是人们思考问题的手段、工具和技能、技巧。人们的思维活动不是漫无目标的,总要有一定的目的性,如思考什么,如何思考,希望得出什么结论,为了解决什么问题。即思考问题要有思路,必须认准目标,按照一定的路线、途径进行。思路、途径从哪里来？首先要掌握思维方法。思维方法之所以能为思维活动提供思路,因为它是方法论,是人们思维实践的经验总结,是人们长期集体智慧的结晶。

按照不同的依据，可对思维方法进行不同的分类。比如，以思维方法起作用的程度和水平为依据，思维方法可以划分为哲学思维方法、一般思维方法和特殊思维方法。另一种分类方法则使用得更为广泛，即把思维方法分为逻辑思维方法和非逻辑思维方法。

逻辑思维方法主要是指传统逻辑学所研究的思维方法，它主要包括演绎逻辑，也包括归纳逻辑和类比逻辑等思维方法。非逻辑思维方法是指传统逻辑学不研究的思维方法，如发散性思维、收敛性思维、灵感思维、想象思维、求异思维、逆向思维等。在创新思维过程中，两种思维缺一不可，有人曾用过形象的比喻：两类思维方法就像撒网捕鱼一样，既要善于运用非逻辑思维方法，尽量把网撒开；又要善于运用逻辑思维方法，及时将网收拢。

逻辑思维方法与非逻辑思维方法具有不同的性质、特点和作用。它们各有优势，也各有局限。在创新思维过程中，既必须运用非逻辑思维方法，也必须运用逻辑思维方法，两者相互配合，作用互补。对比看，非逻辑思维方法的主要作用是，为解决有待创新的课题广开思路，从而提出许多新颖独特的设想；逻辑思维方法的主要作用是，对提出来的各种设想进行整理加工和审查筛选，从而找到解决问题的最佳方案。可以更简要地说，非逻辑思维方法的主要作用在于摸索、试探，逻辑思维方法的主要作用在于检验、论证。

前面我们讨论过创新思维的过程，从中我们不难看出，这一过程正是逻辑思维和非逻辑思维共同作用的结果，即思考和解决一个较复杂的创新问题，一般都要经过两个大的阶段。第一个大的阶段是"酝酿和产生新设想"阶段。这个阶段主要需要运用非逻辑思维方法，以突破已有知识和经验的束缚，沿着各种非常规思路，反复进行辐射发散思考，力求从各个不同的角度和侧面，提出一个又一个新颖、独特的设想。第二个大的阶段是"审查和筛选新设想"的阶段。这个阶段主要需要运用逻辑思维方法，对所提出的种种新设想逐个进行审查、检验、对比，从中选定和加工制作出解决问题的最佳方案。所以说，两种思维方法在运用中是各显神通，各尽其职，共同发挥着作用。

2. 发散性思维和收敛性思维概念的提出

人们在日常生活中不难发现，某些人在思维过程中跨度很大，能够海阔天空地联想；而有些人则缺少应有的思维广度，只能在一个问题的圈子中绕来绕去，思路总是打不开。从创新思维的角度来看，非逻辑思维方法是必不可少的，它有助于拓宽思维，引发创意的火花，而其中的发散性思维和收敛性思维方法的运用，可以充分地理解、研究问题的细节，又可以把诸多问题进行归纳与总结，是人们在解决问题时最常用的方法之一。

发散性思维也叫扩散思维、辐射思维。它是指以一个问题作为思维的出发点或中心，围绕某一问题沿着不同方向、不同角度、向上下左右多方位的思考方式，从多方面寻找问题的多个答案的思维方法。这种思维广泛动用信息库中的信息，产生为数众多的信息组合和重组，在思维发散的过程中，不时会涌现出一些念头、一些奇想，而这些新的观念可能成为新的起点，把思维引向新的方向。比如，咖啡饮具的改进过程就利用了发散思维，最初人们用煤气炉煮咖啡，后来发明了专门的电热器来煮咖啡，如今，又有厂商从咖啡本身想办法，研制出速溶咖啡，这一技术很快就占领了市场。类似的事例还有很多，而这些都体现出发散性思维在开拓新思路方面的优势。

收敛性思维又称集中思维，是以某种研究对象为中心，把发散开来的不同部分、不同方面，以及众多的思路和信息汇集于一个中心点，通过比较、筛选、组合，创造性地组合为一个整体，从而得出在现有条件下解决问题的最佳方案。其思维特点是，以截然不同的事物的特性为基点，从事物的边界出发，向中心移动，以达到解决问题的目的。美国阿波罗登月计划总指挥韦伯曾指出："阿波罗计划中没有一项技术是新的发明，都是现成技术的运用，关键在于综合。"所以说，收敛性思维是寻找正确答案，有时甚至是寻求唯一正确答案的思维。

3. 吉尔福特的智力结构模型及发散性思维特征

美国心理学家、现代创造心理学奠基人吉尔福特在早期的心理学研究中，曾经对用传统智力测验来评估人的才能的做法存有异议。他说："据我看来，当时智力测验的所有内容，实际上无须儿童做出任何创造性努力。而在另一方面，创造性思维和创造性生产则似乎又是智力达到较高水平的标志。"到20世纪40年代，吉尔福特开始涉足创造力的心理学研究，提出了著名的"智力结构模型"。该模型将人类智力分为内容、操作与产品三个维度（见图5-1 智力结构模型）。每一维度中的任何一项，同另外两个维度中的两项结合，就可以构成一种智力因素，即有5*6*6共180种因素。吉尔福特将人类的能力扩展到广泛的范围后，人们自然就会发现传统的智力测验，以及学校教育在智力开发上的种种不足；在信息加工方面，除认知、记忆外，思维操作的其他能力未得到重视；在信息内容上，语义和符号经常被使用，但其他信息内容都没有得到足够重视；在产品范围内，也只有单元和系统被智商测验优先考虑到，其余的也都没有得到正式承认。吉尔福特说："儿童应该在解决问题、创造性思维与批判性思维方面受到更多的训练，这些活动远远超出了堪为智商测验之特色的诸种能力。"

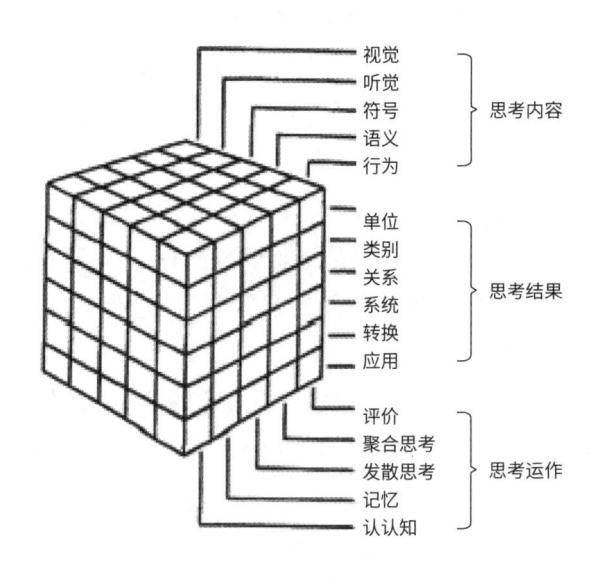

图 5-1 智力结构模型

吉尔福特认为有两种能力与创造力有关，第一类与转换有关，即基于一种体验产生另一种新的形式，这是在模型中产品维度的一部分。第二类就是发散思维"切片",你可以将之想象为从模型中取出来的切片,包含了与发散思维有关的所有智力成分。他认为,创造性思维的核心就是上述三维结构中处于第二维度的"发散思维"。于是他和他的助手们着重对发散思维做了较深入的分析,在此基础上提出了关于发散思维的四个主要特征:流畅性、灵活性、独创性、精细性。

  流畅性表示在短时间内能连续地表达出的观念和设想的数量。创造力高的人智力活动十分流畅,能够在短时间内表达出数量众多的观念。如用汉字组词,要求用最后一个字作为下一个词的首字,如从"创造"开始,自由回忆出造物、物理、理论、论文、文化、化学,等等。灵活性表示能从不同角度、不同方向灵活地思考问题,思维变化多端,举一反三,触类旁通,不易受思维定势的影响。如列举红砖的用途,缺乏创造力的人可能只列出些局限在建筑材料范围之内的用途,如盖房、修路等,而富有创造力的人还能够列举出红砖的其他功能,如压纸、砸东西、打狗等。独创性表示具有与众不同的想法和独出心裁的解决问题思路。如数学家高斯在六岁解决"1+2+3+…+10=?"的问题时,利用前后对应的数相加凑出11的规律,迅速而准确地解决了这一问题;而其他同学多采用了通常使用的逐个相加的办法,既慢又容易出错,这就充分体现了高斯数学思维中的独创性。精细性表示为观念增添细节,使观念变得更好。有个教师在教授学生发散思维时,总会要他们记住这句格言:"你最初的想法总不会是最好的。"的确,任何问题的解决,能力的培养,总是要经历漫长的过程,这也是不断提高和迈向更优的必经阶段。

4. 有效的创新思维应是发散性思维与收敛性思维的相辅相成

  发散性思维就是创造性思维吗?这样的认识是错误的。发散性思维与收敛性思维在思维方向上的互补,以及在思维过程上的互补,都是创造性解决问题所必需的。发散性思维是向四面八方发散,收敛性思维是向一个方向聚集;在解决问题的早期,发散性思维起到更主要的作用,在解题后期,收敛性思维则扮演着越来越重要的角色。有的人善于使用发散思维,有的人善于使用收敛思维。发散与收敛的失衡,在成人和孩子身上都能看到。

成年人比较适应运用逻辑的技巧,其结果是失去了很多发挥想象力并由此从中选择的机会,这个过程则导致发散与收敛的失衡。孩子很容易激发更多的设想,他们想象力丰富,却不善于熟练地评价,结果收敛思维不发展,也导致创造力受损。因此,为了达到一种平衡,在创造性解决问题的每一个阶段,都需要发散性思维与收敛性思维的一张一弛,那种以为创造性思维就是发散性思维的看法是片面的。

在发现问题阶段,思维的发散和收敛的倾向,经常要发生多次转化。创造者在广泛搜索、捕捉发明目标时,他的思维处于发散状态;当他抓住一个目标时,他的思维又是集中于一点的,即处于收敛状态。在确定问题阶段,解题者围绕这一点,广泛地收集资料,这又是发散;从大量资料中最后确定问题到底是什么,这又是收敛。在解决问题阶段,提出尽可能多的设想和解答,这是发散;然后综合各种设想,拿出一个自认为最好的设想,这又是收敛。即使在评价阶段,也需要发散性地提出评价标准,再运用收敛思维,识别不同的标准,排列哪个标准是最重要的。由此可见,在创造性解决问题的过程中,思维的发散和收敛就是这样有机地结合在一起,共同发挥着重要的作用。

七、培养学生创新思维的工具

在瑞典,一群高中生接受创新思维的训练,即以不同的角度思考问题,从而得出新想法。一家企业的管理人员提出难题让这些年轻人解决,其中一个难题涉及在一家周末无休的工厂里如何激励员工?学生们建议,与其激励现有的员工在周末加班加点,不如雇佣一批新员工只在周末上班。这个想法付诸实施,结果来申请周末工作的求职者人数远远超过了该厂需要的人数,为企业解决了实际问题。实际上,有许多技术可用来协助个体产生独创性的想法,有时它们被称为创新思维的工具。有证据表明,许多策略能有效地帮助儿童和成年人写小说、产生合适的观念,可能是有些技术模仿或刺激了产生创造力所需的认知加工过程,也可能使用这些技术使得人形成了有益于创造性的态度和心理习惯:态度上的独立性,探索复杂问题的意愿,超越最初观念的坚持不懈。无论是哪一种情况,对提高创新思维的技术的熟悉，都可以帮助个体拥有一整套可用于探索行为的工具。

1. 教学的孵化模型

托伦斯和萨弗特的孵化模型是针对教授创新思维的一个总体设计，包容了能够提高创新思维的理性认知加工过程和包含"洞察、直觉、启示"在内的"超理性"加工过程。他们把创造过程描述为一种搜集信息或解决问题的方法。"一个人要创造性地学习，他必须认识到知识、不一致的情况或需要新的解决方法的难题中的空白处。然后，他必须搜集有关缺失部分或难点所在的信息，努力鉴别知识中的难点或空白处。接着，他要搜寻解决方法，作种种猜测或接近目标，提出多种假设，设想各种可能性并预测。随后是检验、修正、再检验和完善假设或其他的创造性成果。而后是解决疑难这一最重要的加工过程——反复琢磨、拼接起零碎的思绪——孵化。"他们的这一模型的目标是给学生提供经验，这些经验会激励学生去找出问题或知识的空白，从全新的角度来参考它们，并花时间孵化它们。

孵化模型分为三个阶段。它是考虑在一堂课之前、之中和之后能提高人的创新思维的活动类型。第一阶段是提高预期，这个阶段可以看作一个热身过程，激发学生的学习兴趣，它可以包括要求学生从不同的角度看同一信息、对一个启发性的问题做出反应、意识到将来的问题和做出预测等活动，目的是给学生参与随后的活动的目的和动机。第二阶段是深化期望。这个阶段可以看作课堂的主体，需要学生加工新信息，阐述第一阶段提出的疑难情境，学生可能要收集信息、重新评估结果、以新的方式加工熟悉的信息或是鉴定重要资料。第三阶段是超越，要求学生利用他们遇到过的信息和技能做一些事情，来解决问题、预测将来等，这个阶段可能要持续几天，给"孵化"以充足的时间。

从这三个阶段我们不难看出，这和许多课程模式有类似的地方，都具备一个准备阶段，一个加工信息的阶段和一个应用阶段。但这样一个模式有其自身突出的优点，即围绕学生展开教学，关注学生的认知发展过程，更多地从心理机制的角度研究教育问题，这样获得的知识才更有可能得到内化和巩固。

2. 头脑风暴

所谓头脑风暴（Brain Storming），是指利用集体的智慧，通过相互交流、启发和激励来产生新思想的一种方法。在我国也称为"智力激励法""脑力激荡法""BS法"等。其原意是指精神病患者精神错乱时的胡言乱语，这里转用它的意思为无拘无束、自由奔放地思考问题。头脑风暴法是美国BBDO广告公司创始人、创造学家奥斯本于1938年创立的，用来说明创造性思维自由奔放、打破常规，创新设想如暴风骤雨般地激烈涌现。头脑风暴先在美国得到推广应用，许多大学相继开设头脑风暴课程。其后，传入西欧、日本、中国等国家，并有许多演变和发展，成为创造性思维中最重要的方法之一。这一策略建立在奥斯本关于延迟判断的原则的基础上，即"不要评估任何观念，直到产生了许许多多的观念"。根据这一原则，产生许多观念之后再运用评估标准，比起产生一个观念就评价一下，要更为多产。

头脑风暴有四条基本规则。

（1）禁止评论。

在所有的观念都产生出来之前，谁都不能评估任何观念，头脑风暴的过程力求有一个不做任何判断的支持性氛围，让观念在这个氛围里源源不断地产生。

（2）欢迎随心所欲地思考。

在头脑风暴中，标新立异的观点被认为是通向创造性观念的垫脚石，看起来牵强附会的建议会打开人的新思路，最终得出可行的观念。

（3）观念数量越多越好。

要求数量并不是为数量本身，而是因为大量的观念比少量的观念更可能得出一个好观念。

（4）对观念进行综合提高。

通过综合先前的观念或在原有观念的基础上加以丰富，也能得到许多好观念，这样的精细化正体现了发散思维的特点，对于习惯了竞争和个人拥有的学生，特别需要传达给他们观念共享的观念。

在你需要大量观念的任何时候，头脑风暴都是一种合适的策略，学生可以通过头脑风暴想出一个故事的新结尾、想出学校可循环利用的资源，每一种情况都是对头脑风暴有意义的使用，将所有的观念罗列出来，以便从中挑选出一个或多个特别好的观念，远胜于仅仅罗列一个单元。

3. 思维导图

英国著名心理学家东尼·博赞在研究大脑的力量和潜能过程中，发现伟大的艺术家达·芬奇在他的笔记中使用了许多图画、代号和连线。他意识到，这正是达·芬奇拥有超级头脑的秘密所在。在此基础上，博赞于19世纪60年代发明了思维导图这一风靡世界的思维工具。思维导图是一个简单、有效、美丽的思维工具。它依据全脑的概念，按照大脑自身的规律进行思考，全面调动左脑的逻辑、顺序、条例、文字、数字，以及右脑的图像、想象、颜色、空间、整体思维，使大脑潜能得到最充分的开发，从而极大地发掘人的记忆、创造、身体、语言、精神、社交等各方面的潜能。思维导图自诞生以来，被广泛地应用于学习、工作、生活的各个方面，它成功地帮助全世界2.5亿人改变了生活，被誉为21世纪全球性的思维工具。制订计划、管理项目、人际沟通、组织活动、分析问题、写作论文、准备演讲、复习应考等都可以用思维导图来解决。

思维导图是一种将发散思维具体化的方法，是一种人类大脑的自然思考方式，进入大脑的资料，不论是感觉、记忆或是想法，包括文字、数字、符号、食物、香气、线条、颜色、意象、节奏、音符等，都可以成为一个思考中心，并由此中心向外发散出成千上万的挂钩，每一个挂钩代表与中心主题的一个联结，而每一个联结又可以成为另一个中心主题，再向外发散出成千上万的挂钩，这些挂钩联结可以视为你的记忆，也就是你的个人数据库。

人类从一出生即开始累积这些庞大而复杂的数据库，大脑惊人的储存能力使我们累积了大量的资料，经由思维导图的发散思维方法，除了加速资料的累积量外，更将数据依据彼此间的关联性分层分类管理，使资料的储存、管理及应用因更为系统化而提高大脑运作的效率。同时，思维导图善用左右脑的功能，通过对颜色、图像、符号的使用，可以有效地提高我们的记忆力，增强我们的创造力。

绘制思维导图的基本步骤为四步。

第一是将中心主题置于中央位置，整个思维导图将围绕着这个中心主题展开。

第二是大脑不要受任何约束，围绕中心主题内容进行思考，画出各个分支，及时记录下瞬间闪现的灵感。

第三是留有适当的空间，以便随时增加内容。

第四是整理各个分支内容，寻找它们之间的关系，并且要善于用连线、颜色、图形等表示。

需要注意的是在绘制过程中，有几个技巧可以帮助我们更好地使用这一工具。

（1）要突出重点。

突出重点的方式很多，首先就是要尽量多地使用图像，不仅中心主题中用图像，在整个思维导图中都要尽量多地采用图像，因为图像能够自动地吸引眼睛和大脑的注意力，可以触发无数的联想，并且是帮助记忆的一个极有效的方法，图像还能够使人感到愉悦。除了图像之外，还可以更多地使用颜色，或者通过层次的变化及间隔的设置、线条的粗细等方式，突出思维导图中的重点。

（2）要发挥联想。

联想也是改善记忆和提高创造力的一个重要因素，它是大脑使用的另一个整合工具，是记忆和理解的关键。强调重点的各种方式有利于产生联想，同样，用于联想的方法也能用于强调重点。箭头能够自动引导眼睛，所以可以将思维导图的一部分与另一部分用箭头连接起来，给你的思想一种空间指导，思维导图通过联想浑然一体。此外，使用色彩和代码——对勾、圆圈、三角、下划线等，同样也可以拓展联想。

（3）要清晰明白。

清晰明白的思维导图能够给人以美感，增强感知力。为了达到清晰明白，分支上最好使用关键词，书写要尽量工整；线条的粗细要有区别，特别是与中心主题相连的线条要粗；图形要清楚，能够表达相应的含义；横放纸张能够让你的图有更大空间，很多种方式都可以让思维导图更清晰明白。在这样的基础上，我们也要努力呈现出自己的特色，绘制出有一定个人风格的思维导图。

思维导图作为一种教学策略和帮助学生认知的工具，可以有多种使用方法，适合不同的教学情景，在具体教学实践中可以有以下使用方法：

一是辅助教学设计。教师利用概念图归纳整理自己的教学设计思路。

二是辅助学生整理知识概念。概念图清晰地展现了概念间的关系，可以帮助学生理清新旧知识间的关系。

三是辅助学生进行头脑风暴的活动。在讨论中，学生可以将观点用概念图表达出来，以引导和激发讨论。

四是辅助学生整理加工信息。在收集和整理资料的过程中，可使用概念图将多个零散的知识点集合在一起，帮助学生从纷繁的信息中找到信息间的联系。

五是作为师生表达知识的工具。在教学过程中，教师可以利用概念图展示教学内容，学生可以利用概念图来分析复杂知识的结构。

六是作为学习活动的交流工具。师生之间、生生之间可以使用概念图来进行交流，利用概念图软件，可以远程共同设计和交流概念图，促进学习者之间的相互理解。

七是作为协作学习的工具。通过学生共同合作制作概念图，或者教师和学生共同合作来完成概念图，有助于协作小组成员之间共同发展认知和解决问题。

八是作为辅助师生在教学活动中进行反思的工具。师生通过概念图的制作、修改、反思和再设计的往复循环，可以不断完善概念图，学会反思自己的学习过程，从而学会自我导向学习。

九是作为教学评价工具，适用于教学活动的不同阶段的教学评价。例如，教师通过观察学生设计概念图的构图过程，了解其学习进展和内心思维活动的情况，以便给出及时诊断，改进教学，这样，概念图就是形成性评价的有效工具。同样，概念图也可以作为总结性评价的工具，它与传统的试题测试相比的优点在于概念图为教师和学生提供的考试结果，已经不仅仅是一个抽象的分数，而是学生头脑中关于知识结构的图示再现。教师和学生可以清晰地了解学生学习的状况，从而有效地帮助学生认识自我。

十是作为辅助教学科研的工具。教师作为教育科研的行动研究者，可以利用概念图分析科研对象的各个要素、研究教学活动规律和总结教育科研的基本经验等。

除了上述应用领域以外，每一个教师在自己的教学活动生涯中，都可以利用概念图表达自己的各种创意，用来研究自己感兴趣的任何问题，从而创造出更加丰富多彩的故事来。可以想到，自有人类社会以来便有思维导图的交流传播方式，如远古的象形文字与符号、古代的周易八卦图、人们使用地图表达地形和方位及儿童自发地用涂鸦来传达自己的想法等。可以认为，人类使用的一切用来表达自己思想的图示方法都是"思维导图"。奥苏贝尔的学习理论称"有意义的学习是将新的概念同化到已有的认知结构中"。而思维导图正是帮助人们实现了知识的重新组合，是培养学生创新思维的十分有效的工具。

4. 灵感

在人类创造史上，许多重大的科学发现，往往是灵感这种"智慧之花"闪现的结果。灵感与创造息息相关。人们对灵感这种奇妙心理现象的探索由来已久。灵感的本质是什么？它究竟是怎样发生的？对于这些问题的回答，大致上有三种观点。其一，神赐论，这种观点认为灵感是神赐给的。其二，不可知论，灵感恍惚莫测，是一种只可意会不可言传的奇妙的精神现象。其三，心理现象论，这种观点认为灵感是人脑的机能，是对客观现实的反映。是一种创造性思维。具体地说，灵感是指长期思考着的问题受到某些事物的启发，忽然得到解决的心理过程；是艰苦探索和创造性思维活动的结果，是必然与偶然的统一，是创造性思维过程中的认识飞跃的特殊的心理现象。

灵感是意识与无意识交互作用的结果。灵感出现之前，人们对某一问题有着长时间的思考，这段时间的思考实际上是灵感孕育的过程。人们潜心思考的结果在大脑皮层留下了"痕迹"，在人们对某一个问题长期思而不得其解的日子里，有意识的思考中止时，无意识的认知活动却仍然继续进行着。其实，人们有意识思考的某些方面已经接触到了问题实质，已经达到了问题解决的边缘，只是由于思维的惯性，人们对这些有用的成分或结果没有加以重视，或者被有意识的认知否定掉了（但这些思维的结果仍然存在于无意识里）。旧有的思维模式常常束缚了人们的思维翅膀。当人们处于高度放松的时候，如散步、赏花、洗澡、度假，有意识的认知活动较少，这时旧有的思维模式最容易被突破；在某一刺激的引发之下，人们在瞬间跳出旧有的思维模式，使长期沉积在无意识里的信息与意识瞬间沟通，达到问题的解决。

总有学习画画的同学羡慕那些绘画大师可以创造出传世的佳作，并将自己不知从何下手说成是自己找不到灵感，那么，灵感又该如何捕捉呢？

第一，头脑中要有一个亟待解决的问题。它是产生灵感的前提或必要条件。很明显，一个在头脑中并无问题要解决的人，决不会产生有关问题的灵感。因此，灵感与要解决的问题有直接的关系。第二，要有必要的知识储备及足够的观察、信息资料的积累。这是产生灵感的另一必要条件。例如，一个不懂文学的人绝不会出现写作的灵感，一个对计算机毫无知识的人也绝不会出现解决计算机问题的灵感。究其原因，关键在于他们不具备必要知识及资料。所以，灵感思维是要以一定结构的知识积累或经验为先决条件的。第三，对于解决的中心问题，要反复地、紧张地、艰苦地、长时间地思考，也就是说，要进行超出常规的过量思考。这种过量思考是促使灵感到来的必经阶段。到了这一阶段，头脑里的问题已经达到了挥之不去，驱之不散的程度，有的思想逐步转化为潜意识。然而尽管这样，问题还是没有得到解决，在思想达到饱和以后，思路也往往进入到僵局之中。第四，搁置。人们进行过量思考，使思路进入到僵局之后，便可把要解决的问题暂时放一放，使大脑放松放松，缓冲一下紧张的思考，使大脑不受压抑，促进头脑中的潜意识进行活动。在搁置阶段，头脑已形成的潜意识信息，一旦遇到有关的刺激，即会自然地产生"一闪念"的顿悟灵感。第五，灵感的产生。人脑的"一闪念"即顿悟一旦形成，即表示灵感已经到来。

这时关键是要及时地抓住灵感,并通过自觉的思维活动对这突然的"一闪念"进行鉴别,只有对有用的灵感进行有意识地强化并使之清晰以后才能在创造中起重要作用。这一阶段,往往需要及时地将灵感记录下来,否则稍有放松,灵感就可能从脑海中消失。

必须再次强调,灵感尽管是人们向往的、所追求的目标,但是灵感的到来却不是很容易的,它需要经过大量的、艰苦的劳动和思索。爱迪生对自己成功时的说明是:"有些人认为我之所以在许多事情上有成就是因为我有什么'天才',这也是不正确的。无论哪个头脑清楚的人,都能像我一样有成就,如果他肯拼命钻研。"他认为天才是"1%的灵感加上99%的汗水"。事实正是这样,要想得到1%的灵感,就必须付出99%的汗水,只有付出了99%的汗水,才有可能获得1%的灵感。灵感到来的那一瞬间蓦然所得,正是经过"望尽天涯路"和"众里寻他千百度"的长期积累和全面准备。

八、创新思维的实践案例

实践案例是检验创新思维教学效果的重要方式,以下是一些成功的实践案例。

1. 麻省理工学院创意思维课程

麻省理工学院(MIT)的"创意思维课程"是一个典型的创新思维训练案例。该课程通过一系列的设计挑战和团队合作项目,鼓励学生跳出传统思维框架,培养他们的创新意识和能力。课程中,学生被要求在有限的时间内,使用有限的资源,解决一个开放式的问题。这种高压和高自由度的环境,迫使学生必须快速思考、协作和创新,以找到问题的解决方案。MIT的这一课程模式在全球范围内被广泛认可和模仿,成为创新教育的典范。

以下是MIT在创新思维教学中开展的一些关键做法:

(1)全学段思维能力课程。MIT开发了针对大一到大四学生的全学段思维能力课程。例如,大一学生可以选择"发现思维方式的神奇之处:NEET!"这门选修课,旨在帮助学生理解并应用重要概念,如分析性思维、创造性思维、制造和系统性思维。

(2)思维方式课程模块。NEET团队为大二至大四的学生开发了专门课程,如"思维方式模块",这些课程模块通过项目中心式课程授课,强调跨学科性。

(3)多样化的教学策略。MIT明确了思维方式的学习结果,并通过信息化学习资源、参与式设计教学理念等多样化的教学策略来实现这些目标。

(4)跨学科挑战项目。学生参与跨学科挑战项目,这些项目通常持续约2周,依托于特定的串联主题,并以一种思维方式的培养为重心。

(5)跨院系组织合作机制。MIT构建了跨院系的合作机制,整合不同院系的资源,以实现思维能力培养资源的最佳组合。

(6)产业界对接。NEET项目通过调研产业界的需求,确保教育内容与实际需求相匹配,并通过与企业的合作,让学生参与到真实的工程实践中。

(7)项目式学习(PBL)。MIT强调项目式学习,让学生通过实际操作和团队合作来解决复杂问题,从而培养创新思维和解决问题的能力。

(8)实践和设计结合。在机电一体化课程等实例中,MIT通过实践和设计的结合,培养学生的创造力和批判性思维能力。

(9)国际视野。MIT的课程和项目通常具有国际视野,吸引全球学生参与,并通过国际化的教学团队和课程内容,培养学生的全球竞争力。

通过这些方法,MIT的创新思维教学不仅提升了学生的设计和解决问题的能力,而且为他们的未来职业生涯奠定了坚实的基础。

2. 设计思维在教育中的应用

设计思维(Design Thinking)是一种解决问题和创新的方法论,它强调以用户为中心,通过同理心理解用户需求,然后通过迭代的过程来设计和测试解决方案。在教育领域,设计思维被广泛应用于课程设计、教学方法改进和学习体验优化等方面。

设计思维通常包括以下五个阶段:

共情(Empathize):理解用户的需求和问题。这个阶段涉及大量的用户研究,如观察、访谈和体验,以深入了解用户的情感和动机。

定义(Define):明确问题。在充分理解用户后,将所收集的信息整理并定义出核心问题。

构思（Ideate）：创造性地思考所有可能的解决方案。这个阶段鼓励自由思考和创意的产生，不受限制地生成大量想法。

原型（Prototype）：构建解决方案的实体或数字原型。这些原型不需要完美，但应能够展示解决方案的核心功能，以便进行测试和反馈。

测试（Test）：测试原型并收集用户反馈。这个阶段的目的是验证解决方案，了解其效果，并根据反馈进行调整。

设计思维的核心在于它是一个非线性、迭代的过程，允许在任何阶段返回前一个阶段重新考虑。这种方法强调跨学科团队合作、开放思维和快速迭代，目的是创造出既创新又实用的解决方案。

实践案例：

（1）斯坦福大学设计学院（d.school）：斯坦福大学的设计思维课程是该领域的先驱之一，其课程设计和教学方法被广泛模仿和应用。

（2）IDEO 公司：作为设计思维的实践者，IDEO 提供了一系列设计思维相关的资源和课程，帮助个人和组织提升创新能力。

（3）freeCodeCamp：通过设计思维过程，freeCodeCamp 提供了一个免费的在线学习平台，帮助人们学习编程并解决实际问题。

3. 创新实验室和创客空间

创新实验室和创客空间为学生提供了一个自由探索和实践创新想法的平台。这些空间通常配备有各种工具、材料和技术设备，鼓励学生动手实践，将创新思维转化为具体的项目和产品。通过参与这些活动，学生能够在实践中学习和提高创新思维能力。

4. 情境教育在创造力培养中的应用

情境教育作为一种教学策略，通过模拟真实世界的情境，激发学生的创新思维和解决问题的能力。例如，美国加州的一所高中通过模拟联合国活动，让学生扮演不同国家的外交官，不仅锻炼了他们的公共演讲和辩论技巧，更重要的是培养了他们从不同文化和政治角度思考问题的能力。这种教学方法的实施，使得学生在参与过程中能够自主地探索和创造解决方案，从而有效提升了他们的创造力。

以下是情境教育在创造力培养中的关键应用方面：

情境驱动模式：这是一种以情境教育为基础，通过情境建构、情境活动和情境教学来促进儿童创造力发展的模式。它强调在优化的情境中滋养、激活和生发儿童的创造性活动。

操作原则：情境教育遵循解放性、融合性、体验性和共情性原则。这些原则要求教育者解放儿童的头脑和双手，将创造力培养有机融入学科教学，并通过体验学习圈理论加强团队学习，以及通过情境教学让儿童感受知识创造的过程。

操作流程：情境教育的操作流程包括带入情境以诱发创造动机，优化情境以激发创造性思维，凭借情境以陶冶创造性人格，以及拓展情境以训练创造性行为。

理论基础：情境教育的理论基础包括情境教育理论、具身认知理论和教育神经科学。这些理论提供了儿童创造力发展的科学支撑。

心理机制：情境教育通过具身机制、交互机制和动力机制来促进儿童创造力的发展。这些机制涉及儿童的身体、心智、情境的交互性，以及情境优化对大脑可塑性的影响。

实践成效：情境教育在实践中显示出显著的效果，不仅促进了儿童的创造性思维发展，还促进了教师的专业发展。

推广应用：情境教育的研究成果已在全国情境教育实验区得到推广，并通过教学展示课和教学讲座等形式，为不同地区的校长和骨干教师提供了教学经验和方法。

第六节　创新思维与创造力

创新思维与创造力紧密相关，但二者并不完全等同。创新思维更多强调思维过程和方法，而创造力则更侧重于创新思维的结果和产出。创新思维是创造力发展的基础，通过有效的创新思维训练，可以显著提高个体的创造力水平。

创新思维和创造力是紧密相关的概念，它们共同推动了个人和组织的成功与发展。以下是它们之间的关联：

一、定义与核心

创新思维是一种以创新为导向的思维方式，强调寻找和实施新的解决问题的方法。

创造力是创新思维的具体表现，涉及创造新事物的能力，如产品、服务、方法等。

二、思维方式

创新思维着重于探索和实验，鼓励从不同角度思考问题，寻找多种可能的解决方案。

创造力包括发散性思维、联想思维等，需要在创新思维的框架下自由发挥。

三、过程与实践

创新思维是一个过程，包括问题的识别、创意的生成、解决方案的评估和实施。

创造力在这个过程中体现为生成新颖独特的想法和将这些想法具体化的能力。

四、价值创造

创新思维强调实际应用和价值实现，鼓励将创新转化为可实施的方案。

创造力通过创新思维得到发挥，创造出满足社会需求的新价值。

五、重要性

创新思维对个人而言可以激发内在潜力，对组织则有助于提升竞争力和适应性。

创造力是创新思维的体现，对企业和组织来说，是获得竞争优势的关键。

六、培养方法

创新思维的培养可以通过多角度观察、提问、挑战传统观念、联想和跨界思维等方式。

创造力的提升需要一个支持创新的环境、勇于尝试和实践的机会。

七、实例说明

在商业环境中，企业通过创新思维识别新的市场机会，并通过创造力推出新产品或服务。

八、教育中的应用

在教育领域，鼓励学生发展创新思维可以帮助他们成为独立思考者，而培养创造力则使他们能够提出和实施新颖的想法。

九、经济发展

创新思维是推动经济发展的关键因素，通过引入新技术和新方法提高生产效率。

创造力在经济发展中体现为新技术、新产品的创造，推动经济增长和产业升级。

十、社会进步

创新思维促进社会在科技、文化等领域的进步。

创造力作为创新思维的实践，带来社会变革和改善人民生活。

创新思维和创造力是推动个人成长和社会进步的关键因素。它们之间的关联表现在思维方式、价值创造和实践应用等方面。培养创新思维和创造力需要开放的环境、教育的支持和个人的努力。通过这两者的有机结合，可以促进新想法的产生和实际应用，从而实现持续的创新和发展。

第七节 创新实践活动

一、设计与实践

设计制作一个给植物自动浇水的装置

1. 发明和明确设计问题

小明在旅游回家后发现家里的盆栽植物缺水枯萎了，他的朋友小黄说可以用挂水袋的方法来保证土壤水分，但小李觉得水袋的设置比较麻烦，而且很难控制滴水速度。你能帮他们设计一个可以实现自动浇水的装置吗？

通过讨论，明确希望实现的功能（如表5-1所示）。

表5-1 收集用户需求

需求人	提出的需求
小王	针对不同植物调节供水量
小李	直接用自来水管供水
小刘	调用远程摄像头查看植物生长情况，远程控制供水量

2. 绘制草图，创意展示

根据构思画出草图，说明你的创意，并收集相关反馈（如表5-2所示）。

表5-2 创意展示

构思草图	我的创意说明	收到的反馈

3. 设计方案的制定及选择

根据同学的反馈，对设计的构思方案进行分析、比较和权衡，选择你认为最优的方案，并加以修改和完善，画出设计图（如表5-3所示）。

表5-3 方案制定

选择该方案的理由	我的设计图

4. 产品制作与展示

根据你的设计方案选择合适的材料、工具及加工工艺，把你设计的装置制作出来，并对你的作品进行拍照展示（如表5-4所示）。

表5-4 作品展示

作品名称	作品照片	作品功能和特点介绍

5. 产品测试和评价

对你创作的装置进行功能测试,并进行评价(如表5-5所示)。

表5-5 产品测试和评价

测试项	测试结果	自评	他评

二、优秀作品介绍

某同学也在老师的指导下完成了自动浇水装置的创新设计。他们的这个作品可以根据湿度、水位来自动控制供水。它通过太阳能供电,以电子控制技术实现了对土壤湿度的监控和水流控制,其工作原理和电路图如图5-2和图5-3所示。

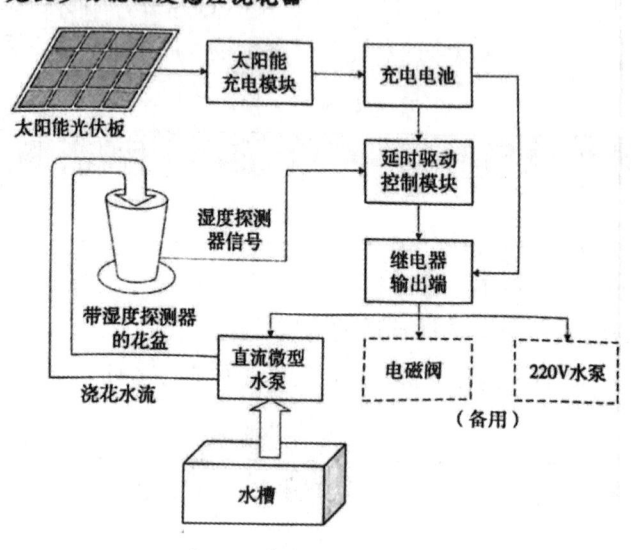

图5-2 作品的工作原理

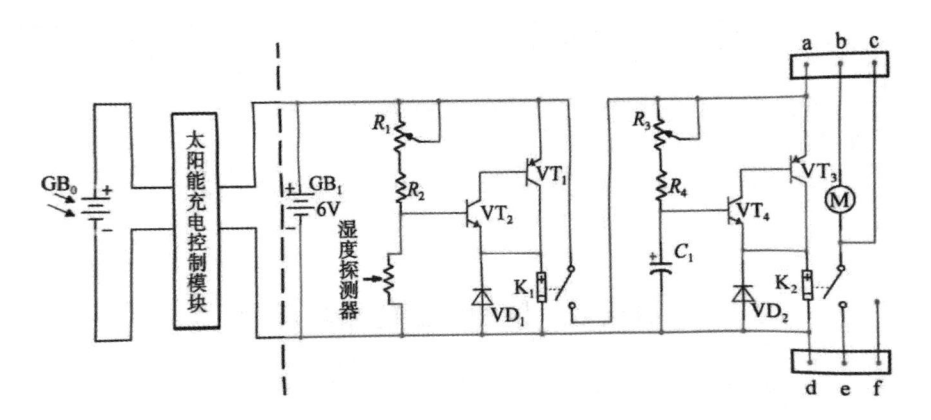

图 5-3 作品的电路

元件基本参数：GB_0 采用 9V 6W 的光伏板，经过太阳能充电控制模块后对充电电池充电。GB_1，采用 6V 蓄电池；R_1、R_3 阻值为 100kΩ；R_2、R_4 阻值为 10kΩ；VT_1、VT_3 采用 8550 三极管；VT_2、VT_4 采用 8050 三极管；VD_1、VD_2 采用 1N4007 二极管；K_1、K_2 采用 5V 10A 继电器；C_1 采用 16V 100μF 电容器；水泵采用 6V 0.9W 的直流微型水泵；经过测量，探测器尖端置于水中测得电阻为 8kΩ，脱离液面阻值为 ∞。

装置工作原理：通过调节 R_1 使 VT_2 工作在开关状态，当土壤湿度降低到一定程度时，湿度探测器的阻值随着湿度的降低而增大，当变化达到 VT_2 的开启电压时，复合三极管 VT_1、VT_2 导通，启动继电器 K_1，接通延时控制电路。通过调节 R_3，可以调节 C_1 的充电时间，从而使得 VT_4 延时启动，复合三极管器 VT_3、VT_4 导通，启动继电器 K_2。

采用 6V 0.9W 的直流微型水泵时，将 a、b 两点接通，d、e 两点接通，微型直流水泵就可以抽水，从而对花盆实施浇水。如果要另外控制水泵，则可利用水泵两端的端子接入其他控制电路。操作方式：首先将水泵放入盛水桶，连接供水管，供水管的出水口对准花盆内。其次，将湿度探测器放置在花盆底部与接水盘子之间，用花盆压住。然后连接湿度探测器插头、微型水泵插头、蓄电池插头，最后连接太阳能光伏接口。当水泵供水浇花时，多余的水会浸润接水的盘子，湿度探测器一旦检测到相应的湿度，就立刻中断供水。

经实践，该作品可以有效地以太阳能为能源，根据湿度自动为花盆浇水。

讨论

能否将作品推广到农业生产上，可能还需要解决哪些问题？

第八节　创新思维的教学设计

一、情境导入、作品展示

创新意识是创新思维能力培养的前提条件，创客教育教学首先要做的就是激发学生的创新意识，通过引入与学生实际生活相关的情境和展示有创意的作品来引起学生的创新动机。

建构主义指导下的教学模式以"情境、协作和意义建构"为主，因此创客教育教学的第一步就是通过情境导入，给学生的学习提供一个真实的情境。比如，通过儿童节的情境让学生学习 3D 打印技术来打印互赠给同伴的小礼物，创设教师节到来的情境让学生学习 Scratch 技术来制作赠给老师的卡片等。这里需要注意的一点是导入的情境要与学生的情感联系起来，这样才能让学生有更深刻的体会。其次是将有创意的作品展示给学生，为他们提供创作灵感，吸引创新兴趣。因此将情境导入、作品展示作为创客教育教学过程的第一个环节。

二、任务模仿

操作技能是创新能力构成的主要组成部分，思维是促进操作活动顺利进行的，两者之间相互联系，所以创新思维能力的提高需要创新操作技能的培养。任务模仿主要是通过为学生布置简单且有吸引力的任务激发其操作的念头。在情境导入、作品展示环节中，通过教师的引导，学生此刻已经对本节课的学习内容有了兴趣，任务模仿环节则通过运用任务驱动的方式强化学生的学习兴趣，以便达到更好的学习效果。学生有了学习兴趣就能主动地参与到任务模仿的环节中来，积极动手实践，既能完成教师给定的任务，又能提高自己的成就感。

三、知识要点讲解

知识要点讲解环节主要是为了解决学生在创新活动过程中出现的知识问题，帮助学生更好地进行作品制作。当学生完成简单的任务模仿之后，就会思考任务中出现的基础知识，这个时候教师就需要根据学生现有的学习水平进行讲解，帮助学生理解作品创作过程中出现的问题。创客教育教学理念强调的是对知识的运用而不是单纯的对知识的死记硬背，因此教师在对知识进行讲解的时候要重点讲解如何在实践中运用知识，并不需要深入追究知识本身。

四、拓展任务提升

拓展任务提升环节是想要进一步培养学生创新实践的能力，该环节任务的设计难度要在模仿任务阶段之上，教师所讲知识点要蕴含其中，又不能超出所讲内容，这样才能避免学生因出现所学知识以外的内容难度而受挫，打击他们的积极性，学生就会更有热情完成任务，从而获得成就感。

五、创新引导

创新引导教学环节是为了能激发学生的创新思维，是创新思维产生的明朗阶段，学生已能将所学知识应用到新的实践过程中来，帮助整个创新活动顺利进行，因此创新引导是创新思维能力培养的重要阶段。经过前几个环节的实践活动，学生已经融入了创新活动的过程中，此时教师就要引导学生的创新思维，在过程中对学生的创意活动进行评价和修正，保证学生正确运用知识完成作品，但是教师需做的是在方向上对学生进行引导，不可过于具体，那样会限制学生的思想。

六、合作探究

在创新明朗阶段，学生讨论出一个有创意的作品概念作为合作探究的开始。在本环节中，小组成员通过合作完成作品。在合作的过程中，教师要为学生进行技术指导，无阻碍地进行创新，教师要全程掌控整个过程，保证所有学生都能够真正参与到合作过程中来，学生在其中参与的程度越高，学习效果就会越好。

七、作品分享

创客教育教学模式强调分享在学习过程中的重要性,当学生亲自动手的作品获得教师的认可后,就会激励学生的创作热情,从另一个角度帮助学生加深了对本节课所学知识的理解和记忆,作品分享这一阶段的主要目的是希望同学们能够通过展示这个过程,获得满足感,享受到创作的乐趣,培养学生的创新热情。

八、积极评价、归纳反思

当学生将作品分享完毕之后,老师对各组的作品进行客观的评价,并让其他小组的同学互相进行点评,需要注意对其作品尽量进行积极评价,以免打击学生的积极性,最后总结每个作品的优点和需要改进的地方,来完善学生的作品。这样通过评价,并总结反思后,老师就可以在此基础上对其提出更高的要求,鼓励学生进行更深层次的创新,达到学习效果。

情境导入展示作品是为了激发学生的创新意识,吸引学生的创新兴趣;任务模仿和拓展任务提升两个步骤的目的主要是为了培养学生的动手能力;知识要点讲解是为了帮助学生解决在创新过程中出现的知识点问题;创新引导、合作探究两个步骤主要在于培养学生的创新思维和创新技能;教学设计的最后一步是分享作品,通过学生之间分享交流,来维持学生的创新精神;在评价方式上,该教学设计遵循过程性评价和终结性评价相结合,坚持积极性评价,从多方面对学生的创新思维能力做出合理的评价。

第九节　面向创新思维培养的 STEM 教学

一、STEM 教育是创新人才培养的新途径

时代的发展推动教育的变革,现阶段社会发展需要教育培养更多的创新型人才。在知识经济时代,国家对创新型人才及高端人才的需求急剧增长,传统教育已无法满足现阶段对创新人才的需求。创新人才的培养很大程度取决于对人才高阶思维的培养,而发展高层次思维正是 STEM 跨学科学习区

别于传统学科知识和技能导向学习的重要特征。STEM教育作为一种跨学科整合的典范近年来备受各国教育界的关注，美国已将STEM教育提升到国家战略高度。作为一种新的教育变革路径，中国也越来越重视STEM教育的发展。《国家中长期教育改革和发展规划纲要》（2010—2020年）强调，教育改革要着力于提升学生的自主探究能力、开拓创新精神和善于解决问题的实践能力。STEM教育的目标是培养学生的创新能力和跨学科解决现实问题的能力。2016年，教育部出台了发展STEM教育的国家政策性文件：《教育信息化"十三五"规划》，文件强调了跨学科学习的重要性，尤其是借助STEM教育提升学生的信息素养和创新能力。2017年，中国教育科学研究院发布了《中国STEM教育白皮书》，对中国实施STEM教育的背景、现状、计划做了详细的分析，并对STEM教育相对成熟的国家现状做了论述。文件中指出，要以STEM为依托，大力发展具有创新思维和创新能力的人才，以满足经济社会对复合型人才的需要。2018年，中国教育科学研究院启动"中国STEM教育2029创新行动计划"，极力打造全国范围内的STEM教育示范基地，着力于为国家培养大批量的高水平技能人才和创新人才。STEM教育注重跨学科的知识应用和通过动手实践解决现实问题，让学生在活动中发展创新思维、提升综合能力。在STEM学习中，学生通过综合运用多学科知识来解决真实情境的复杂问题，通过与资源环境、与他人的交互活动来建构知识，在学习与体验中培养、提升创新能力。

二、STEM教育的内涵

STEM是对科学、技术、工程和数学等学科进行有机整合，利用跨学科知识解决现实问题。有学者认为STEM教育并不只是在科学、技术、工程和数学四门学科之间进行简单的叠加，而是对它们进行有效的整合使其成为一个有机的整体，STEM教育强调以真实问题的解决作为驱动，注重在实践中对知识进行建构、应用，主要目的在于培养学生的问题解决能力、提升复合思维和创新思维水平。也有学者认为，真正的STEM教育应该促进学生对各个学科和事物运作方式的理解，以支持和提高他们对技术的应用能力、技巧为教育目标。从教学目标上看，着力培养学生的STEM素养是STEM教育的目标所在。一般通过项目实践的方式,让学生对一种与现实相关的问题现象进行多方面的探索与思考,从而达到对学生科学素养、技术素养、工程素养和数学素养的锻炼与提升,最终达成培养学生跨学科多元思维的目标。从价值取向来看,STEM 教育通过对四门学科的有机整合,培养学生的综合问题解决能力,让学生能够综合运用学科相关领域知识来解决生活中的实际问题,从而培养学生的创新思维能力和综合问题解决实践能力。

STEM 的特征主要体现在:跨学科、趣味性、体验性等方面,其中跨学科性是它最重要的核心特征。跨学科意味着教育工作者在 STEM 教育教学中,应将教学重心更多地放在项目问题的设计上,注重培养学生对综合知识的应用。教师通过现实问题引导学生进行探究学习,让学生通过使用多种学科知识对问题进行分析、解决,在解决复杂的现实问题的过程中培养、锻炼学生的跨学科能力、团队合作能力和创新能力。

三、STEM 教育研究现状

1.STEM 教育发展

STEM 教育起源于美国,其形成得益于美国社会发展对多元复合创新型人才的需求。美国国家科学委员会于 1986 年发布了首个有关 STEM 教育开展的纲领性文件《本科科学、数学和工程教育》,该报告根据美国本土大学本科教育中存在的突出问题,提出将科学、数学、工程教育集成为一体的纲领性建议,成为 STEM 教育的开端。2006 年,美国总统布什发布了《美国竞争力计划》(American Competitiveness Initiative),旨在通过一系列鼓励政策来提高美国的教育教学水平,进而提升人才的竞争力,计划中强调全球竞争力的核心是培养具有 STEM 素养的创新型人才。此后美国政府又先后颁布了一系列文件,进一步深化、巩固了 STEM 教育的战略地位,使 STEM 教育影响力进一步扩大。除了美国以外,英国、日本、芬兰、澳大利亚的 STEM 教育也得到迅速发展。英国十分重视 STEM 教育的发展,专门成立了国家 STEM 中心,2004 年发布的《2004—2014 科学和创新投资框架》中对 STEM 的长期战略目标进行了规划,并且为 STEM 教育提供资金支持。2015 年发布《创新经济与未来就业》推动了英国 STEM 教育向 STEAM 教育

第五章　创造力培养策略与方法

的转变，不仅如此，还加大 STEAM 教育的政府拨款，建设研究中心，积极进行 STEAM 课程改革。在日本小学阶段的 STEM 教育侧重激发学生对学科的学习兴趣，高中阶段的 STEM 教育侧重于对精英人才的培养。在日本中小学教学大纲中都加入了机器人相关课程，其目的在于培养学生的 STEM 素养。芬兰为加强和促进与国际层面的 STEM 合作，激发青少年对 STEM 相关学科的兴趣，发起了以 LUMA 数学和科学教育发展项目为代表的全国性 STEM 教育促进项目。芬兰的 STEM 教育被作为一种理念、思想和方法，其根本目的在于服务学生 STEM 能力的发展。澳大利亚也先后发布一系列有关建设 STEM 教育的文件，从国家层面宏观调控了 STEM 教育的发展。国际社会已经深刻认识到开展 STEM 教育的重要性，并发布一系列相关文件用以促进本国 STEM 教育的高效、快速发展。

在我国，也发布了《中国 STEM 教育白皮书》、中国 STEM 教育 2029 创新行动计划等推动 STEM 教育的相关政策和规划，我国尝试探索通过 STEM 教育激发学生的探究、创新和批判性思维的有效途径。近几年来，相继有学者开展与 STEM 教育相关的本土化研究。我国 STEM 教育研究也从分析国外相关理论、实践经验过渡到开展本土的研究与实践，相关研究日渐丰富。

2.STEM 教学模式

为了促进 STEM 教育的多学科融合，国外学者对 STEM 教学模式进行了深入探究。国外有关 STEM 教学模式的代表有以下几种。

（1）强调科学探究的 5E 教学模式。贝比提出 5E 教学模式，该模式立足于建构主义学习观，提出了一个学习循环，由引入（engagement）、探索（exploration）、解释（explanation）、加工（elaboration）和评价（evaluation）五个构成要素。在该模式中学生处于教学实践的中心位置，鼓励学生发展、建构自己对科学概念的理解。

（2）工程技术融合的 6E 教学模式。Burke 在 5E 教学模式的基础上，增加了"设计（Engineer）"环节，提出了基于设计的 6E 学习模式，即引入、探索、解释、设计、拓展和评价。使其与 STEM 教育中注重设计、制作的特点相契合,更大化地实现了在设计探究中对综合知识的运用,可以更好地指导 STEM 教学的开展。

（3）整合性的 PIRPOSAL 模型。Wells 在对科学探究、技术设计及工程制作过程的分析基础上,提出了整合性的 STEM 教学模型:其主要包括识别问题(problem identification)、产生想法(ideation)、调查研究(research)、可能的解决方案(potential solutions)、最优化(optimization)、方案评估(solution evaluation)、修改(alterations)、学习成果(learned outcomes)八个学习阶段,对 STEM 教育教学的有效开展和实施起到了一定的指导作用。

（4）基于项目的 STEM-SOS 模式。美国的 Alpaslan Sahin 和 Namik Top 将 STEM 教育与 PBL 教学法相结合,提出并设计了 STEM-SOS 模式。该模式适用于 K-12 教育阶段。该模式强调学生的主导位置,教师引导学生以基于项目的学习为基础,通过设计和完成与实际生活相关联的综合项目来促进和提升学生的认知能力、学习水平。国内有关 STEM 教育的教学模式研究也日益增多。傅骞等根据教育的具体目标不同将 STEM 教学模式分为经验、探究、制造和创造四大类,每一类又根据目标达成方式的不同划分为支架类和开放类。自 2017 年之后,我国的 STEM 教学模式相关研究日渐增多,研究的深度和广度也呈现上升趋势。

2017 年,唐烨伟等人在教育人工智能技术环境的支持下,构建了人工智能技术环境下的 STEM 跨学科融合教学模式。2018 年,赵呈领等人想通过技术手段促进 STEM 教育学科的融合,用以培养学生创新意识、创新思维和跨学科创新能力,并基于此目标构建了创客——STEM 教学模式。2019 年,李克东等人设计了 STEM 跨学科的 5EX 模型。该模型具有:真实问题驱动、培养解决实际问题的能力、有明确的教学流程、面向全体学生、关注教学过程等特征。2019 年,陈鹏等人设计了基于设计思维的 STEM 教学模式。2019 年,何丽丹等人设计了面向创造力培养的 STEM 教学模式。以上有关 STEM 的教学模式,由于教学目标的不同,模式的建构方式也各不相同,但模式的基本要素是大致相同的,一般包括:理论基础、教学目标、教学活动、教学条件、教学评价等。

四、STEM 教育对创新能力的培养

STEM 教育能够培养创新能力不仅在理论上是可行的，而且还有一系列实证研究为其提供有力的支撑。傅骞等人将 STEM 教育应用模式分成了验证型、探究型、制造型和创造型四大类，并通过具体案例说明其有效性。何丽丹、李克东等人从创造力培养的个体层面、环境层面、过程层面和策略层面四个层面论述 STEM 教育对培养创新能力的优势；构建了面向创造力培养的 STEM 教学模式，并在佛山市第十四中学开展实践研究，实验结果表明该模式对学生创造力培养有积极的促进作用。周榕、李世瑾采等围绕"STEM 教学对学生创造力的影响"这一核心主题，通过对国内外的 42 项有关 STEM 教育与创新培养的实验研究文献进行量化统计，发现 STEM 教育与对学生创新能力的培养之间有相关关系。具体表现在：STEM 教学对提高学生创新能力具有正向促进作用，这种促进作用的程度处于中等偏低的水平；从学段来看，STEM 教学对高中生的创新能力影响相对最大，有关 STEM 与创新能力培养的研究比较适合在高中阶段开展；从学科看，STEM 教学在综合科技类学科中实施时效果更为显著，更能有效提升学生的创新思维能力；从教学周期看，随着实验时间的增长，STEM 教学对创新能力的作用效果也呈增长趋势。

STEM 基于跨学科的学习方式为创新思维的培养提供土壤。就创新思维的本质构成来讲一般包括：发现问题的批判思维、产生想法的发散思维、解决问题的聚合思维及评价反思的辩证思维。跨学科教学的流程又与 CPS 模式及创新思维的本质构成要素之间均有契合之处。本研究在培养创新思维的过程中主要参考突出跨学科特性的 5EX 教学模式和开放灵活 CPS 的"四成分八阶段"模式。创新思维的培养方式中较为常见的是思维专项训练和借助综合课程进行培养，较少有研究将两者融合来对创新思维能力进行培养。本研究通过思维专项训练和依托综合课程相结合的方式，对面向创新思维培养的 STEM 教学模式进行建构，尝试探索创新思维培养的新途径。

1. 问题情境

适宜的问题情境导入可以很好地激发学生的学习热情，为学生接下来

的学习探究奠定良好的基础。此环节对应创造过程四阶段中的准备阶段，在此阶段教师的任务是"创设情境、激发兴趣"。教师需要从真实的情境出发设置一些能引起学生好奇心或引发学生思考的问题，以此来调动学生的积极性，激发学习兴趣。学生在本阶段的主要任务是"小组合作、发现问题"，学生在此阶段就可以形成学习小组，以小组为单位对老师创设的问题情境进行分析讨论，找到问题情境中的主要问题。此环节主要培养和发挥学生的批判性思维，在批判思维中明确需要探究的问题。

2. 科学探究

科学探究环节上承"问题情境"下启"设计制作"，是比较关键的环节。科学探究的好坏和深入程度会在一定程度上决定项目作品的完成质量。此环节对应创造过程四阶段中的酝酿阶段。在此阶段教师的任务是"基础讲解、引导探究"，教师需要先对一些要用到的基础知识做简单的介绍，之后基于问题引导学生进行探究。在本阶段学生的任务是"头脑风暴、提出想法"，此阶段学生已经明确了项目问题，在老师的引导下开始以小组为单位进行"头脑风暴"。在"头脑风暴"阶段学生要各抒己见，尽可能多地说出不同的观点和想法。在此过程中学生可以借助计算机网络、书籍等对相关资料进行查阅，来佐证和支持自己的观点。本环节主要应用和培养了学生的发散思维，让学生在"头脑风暴"中借助发散思维找到解决问题的不同方案。

3. 设计制作

此环节主要是动手实践操作，对应创造过程四阶段中的明朗阶段。在此环节教师的主要活动是"任务驱动、指导设计"，教师需要以任务为驱动，激励学生进行项目作品的设计制作。教师需要关注每个小组的进度和学习情况，如有小组遇到组内无法解决的问题，教师需要在此时提供适当的脚手架，帮助学生解决问题。在本阶段学生的任务是"工程设计、技术制作"，此阶段学生已对问题的解决提出了多个相关方案。学生需要在解决问题的方案中选出最优方案，进行设计制作，最终在小组合作下呈现出相关作品。此环节主要培养和发挥学生的聚合思维，学生需在多种方案中找到最优解。

4. 拓展创新

在此阶段，学生已经完成了基础项目。教师在此环节的工作是"鼓励创新、答疑解惑"，教师可以在此阶段多留给学生一些时间，鼓励学生联系实际生活进行创意制作。教师作为辅助者的身份，督促小组成员投入小组协作学习中，对创作过程有困难的学生进行辅导，循序渐进地给予帮助，协助学生将自己的创意转化为作品。学生在此环节的任务是"联系生活、创意制作"，学生需要运用本次所学的重点知识与实际生活相联系，制作出与现实生活相关联的作品。做到学以致用、拓展创新。本阶段主要锻炼、培养学生的发散思维和聚合思维的交替使用能力，让学生在一定时间段内进行"头脑风暴"产生想法并找出最优方案付诸实践。

5. 分享评价

此环节学生已经完成了创意作品的制作，接下来需要对作品进行展示和评价，此环节对应创造过程四阶段中的验证阶段。教师在此环节的主要工作是"组织分享、评价总结"，教师需要对各个小组展示的作品做最终的点评，并对项目所涉及的知识点进行系统总结，加深学生对基础知识的掌握。学生在本环节的任务是"作品分享、小组互评"，每个小组选出一位代表对本组的作品进行展示，说出本小组的制作理念、制作思路和小组分工。学生在本环节除了展示自己的作品外，还需要对其他小组的作品进行点评，在点评的过程中既需要找出作品的优点又需要找出不足。本阶段主要培养和发挥学生的辩证思维，让学生能够从辩证的角度评价作品，既能找到作品的优点又能找到不足。

第六章　灵创课堂案例研究与实践

在本章中，我们将深入探讨黄强老师的信息技术教育实践，特别是他如何将"教善·学思·灵创·生长"的教学思想与灵创教学的理念相结合，创造出独特的教育体验。以下是对黄强老师信息技术教育实践的详细阐述。

第一节　融合"教善·学思·灵创·生长"的灵创课堂

黄强老师的教学实践是对"教善·学思·灵创·生长"理念的生动体现，同时也是灵创教学理念的具体实施。他的教学不仅仅是传授信息技术知识，更是在培养学生的全面素质和创新能力。

一、教善（Education in Goodness）与灵创教学

黄强老师注重在信息技术教育中培养学生的道德观念和社会责任感。黄强老师认为，信息技术教育应当引导学生理解技术背后的伦理和社会价值，使他们成为具有责任感的技术使用者和创造者。在灵创教学中，这意味着教师需要设计课程和活动，让学生在实践中体验和学习如何以正直、公正、尊重和合作的方式使用技术。他通过设计具有道德挑战性的项目，让学生在实践中学习如何运用技术为社会带来积极影响。他的课程设计体现了以下几个特点：

伦理学融入课程内容： 黄强老师将伦理学的概念和原则直接融入信息技术课程中，让学生在学习技术的同时，能够理解和探讨与之相关的伦理问题。

社会责任的强调： 在课程中，黄强老师强调技术对社会的影响，鼓励学生思考如何利用技术解决社会问题，以及在这个过程中应承担的责任。

跨学科学习： 他倡导跨学科的学习方式，将信息技术与其他学科如社会学、哲学、环境科学等结合，以促进学生全面理解技术在社会中的角色。

实践项目： 黄强老师设计了一系列实践项目，让学生有机会将所学的技术知识应用于解决实际问题，同时培养他们的社会责任感。

二、教善（Education in Goodness）的案例分析

黄强老师鼓励学生通过批判性思维来学习。他的课堂上，学生被鼓励提出问题、挑战假设，并从多个角度分析技术问题，让学生通过分析真实的技术应用案例来深入理解"教善"的理念。以下是他在案例分析中实施的一些策略：

案例： 智能购物车案例设计

课程目标：

让学生理解智能购物车背后的技术原理。

引导学生探讨智能购物车对社会的影响。

培养学生的数字伦理意识和社会责任感。

促进学生提升跨学科学习和团队合作能力。

课程内容：

1. 引入阶段

目标：激发学生兴趣，引入智能购物车的概念。

活动：观看智能购物车介绍视频，讨论智能购物车的基本功能。

2. 技术原理探究

目标：理解智能购物车的技术原理。

活动：分组探究智能购物车的技术组成，包括传感器、算法、数据传输等。

3. 伦理与社会影响讨论

目标：探讨智能购物车对社会的影响和伦理问题。

活动：小组讨论智能购物车可能带来的隐私、就业、安全等问题。

4. 跨学科学习

目标：通过跨学科学习，设计一个智能购物车项目。

活动：学生需要结合计算机科学、工程学、市场营销等知识，设计一个智能购物车原型。

5. 社会责任项目

目标：培养学生的社会责任感。

活动：学生设计一个智能购物车项目，该项目需要解决一个社区问题，如帮助老年人购物。

6. 实践与反馈

目标：通过实践加深理解，并收集反馈。

活动：学生利用学校资源或虚拟平台，制作智能购物车原型，并进行测试。

7. 反思与总结

目标：反思学习过程，总结学习成果。

活动：学生撰写项目报告，总结智能购物车的设计过程、遇到的问题和解决方案。

课程评估：

过程评估：观察学生的参与度、讨论质量和团队合作情况。

成果评估：根据智能购物车原型的创新性、技术实现和社会责任影响进行评估。

反思评估：通过学生的项目报告和课堂反思，评估学生的自我评价和总结能力。

课程反馈：

学生反馈：通过问卷调查和访谈，收集学生对课程的看法和建议。

教师反馈：教师根据学生的表现和反馈，调整教学策略和内容。

课程数据：

学生参与度：95%的学生表示对此类课程感兴趣。

学习成效：85%的学生能够在项目中成功应用跨学科知识。

社会责任感：100%的学生表示通过项目增强了社会责任感。

结论：

1. 选择具有伦理挑战的案例： 黄强老师精心挑选那些涉及伦理争议的技术应用案例，如数据隐私泄露、人工智能的道德困境等，让学生在讨论中形成自己的见解。

2. 引导学生进行深入讨论： 在案例分析中，黄强老师引导学生从多个角度分析问题，包括技术开发者、用户、社会公众等，以培养学生的同理心和社会责任感。

3. 强调道德决策的重要性： 通过案例分析，黄强老师强调在技术应用中进行道德决策的重要性，让学生认识到作为专业技术人员，他们的决策会对他人和社会产生深远影响。

4. 促进价值观的形成： 案例分析不仅仅是对事实的分析，更是对学生价值观的塑造。黄强老师通过案例分析，帮助学生形成正确的价值观和道德观。

黄强老师通过课程设计和案例分析，成功地将"教善"的教学思想融入灵创教学中。他的方法不仅提升了学生对技术伦理的认识，也培养了他们的社会责任感和道德决策能力。这种教学实践为信息技术教育树立了一个高标准，展示了如何通过教育培养学生成为具有社会责任感的技术人才。

三、学思（Learning to Think）与灵创教学

"学思"倡导学生通过思考和探索来学习，而不仅仅是记忆和重复。黄强老师鼓励学生发展批判性思维、问题解决能力和创新思维。黄强老师将"学思"（Learning to Think）的教学理念融入灵创教学中，特别是在培养学生批判性思维、问题解决能力和创新思维方面的实践方面。

1. 批判性思维的培养

黄强老师认为批判性思维是学生应对复杂世界的关键能力。在灵创课堂上，他采取了以下方法来培养学生的批判性思维。

问题导向的学习： 设计以问题为导向的学习活动，鼓励学生提出问题、分析问题并寻找解决方案。

辩论和讨论： 组织课堂辩论和讨论，让学生在思想的碰撞中锻炼批判性思维。

反思性学习： 引导学生进行反思性学习，对自己的思考过程和学习结果进行评估和反思。

2. 问题解决能力的锻炼

黄强老师通过以下方式在课堂上锻炼学生的问题解决能力：

真实世界的问题： 将学生置于真实世界的问题情境中，让他们应用所学的知识和技能来解决问题。

项目式学习： 通过项目式学习，学生在完成一个具体项目的过程中，学会如何定义问题、规划解决方案和实施计划。

多学科整合： 鼓励学生运用多学科的知识来解决问题，培养他们的综合思维能力。

3. 创新思维的激发

黄强老师认为创新思维是推动社会进步的重要动力。在灵创课堂上，他采取了以下措施来激发学生的创新思维：

创意工作坊： 定期举办创意工作坊，提供一个自由探索和创新的环境，让学生尝试新的想法和方法。

头脑风暴： 在课堂上进行头脑风暴，鼓励学生自由地提出创意，不受传统思维的限制。

原型制作： 鼓励学生将创新想法转化为原型，通过动手实践来进一步发展他们的创新思维。

4. 学思（Learning to Think）的实践案例

黄强老师的课堂上充满了"学思"的实践案例，以下是一些具体的实施例子：

案例研究： 学生通过研究科技企业的创新案例，分析其成功的因素和可能的改进空间，从而学习如何在实际情况中运用批判性思维。

模拟决策： 在模拟的商业环境中，学生需要扮演决策者的角色，运用批判性思维和问题解决能力来制定策略。

创新竞赛： 组织创新竞赛，鼓励学生团队合作，发挥创新思维，解决实际问题。

"学思"教学理念与灵创教学的融合，为学生提供了一个充满挑战和机遇的学习环境。通过批判性思维的培养、问题解决能力的锻炼和创新思维的激发，黄强老师成功地培养了学生的独立思考能力和创新精神。这种教学实践不仅提高了学生的学术成就，更为他们的未来职业生涯和社会参与打下了坚实的基础。

四、生长（Growth and Development）与灵创教学

"生长"关注学生的个人成长和发展。黄强老师认为，教育的最终目标是促进学生的全面发展，包括知识、技能、情感、社交和自我认知。在灵创教学中，这要求教师关注每个学生的成长路径，并提供个性化的支持。

1. 生长（Growth and Development）的教学理念

"生长"是黄强老师教学理念的重要组成部分，它强调教育的目的不仅仅是知识的传授，更重要的是促进学生的全面发展。在灵创教学中，这意味着教师要关注学生的个性化需求，支持他们的成长和发展。

（1）个性化学习路径。

黄强老师认为每个学生的学习路径都是独特的，因此他致力于创建个性化的学习体验：

个性化学习计划：黄强老师与学生合作，制订符合他们个人兴趣和学习风格的学习计划。

差异化教学：在课堂上，黄强老师采用差异化教学策略，以满足不同能力水平学生的学习需求。

（2）情感、社交和自我认知的发展。

黄强老师的教学不仅仅关注学生的认知发展，还关注他们的情感、社交和自我认知的成长：

情感教育：黄强老师在课堂上创造一个支持性的环境，鼓励学生表达自己的情感，并培养他们的同理心。

社交技能培养：通过小组合作和团队项目，黄强老师培养学生的沟通和协作能力。

自我认知：黄强老师引导学生进行自我反思，帮助他们了解自己的长处和需要改进的地方。

（3）终身学习者的培养。

黄强老师致力于培养能够适应未来社会的终身学习者：

自主学习能力：黄强老师鼓励学生发展自主学习的能力，使他们能够在课堂之外继续探索和学习。

学习策略：黄强老师教授学生有效的学习策略，如时间管理、信息组织和批判性阅读。

2. 生长（Growth and Development）的实践案例

黄强老师的课堂上充满了促进学生"生长"的实践案例，以下是一些具体的实施例子：

个人成长档案：黄强老师为每个学生建立个人成长档案，记录他们的学习过程、成就和反思，帮助学生看到自己的进步。

导师制度：黄强老师实施导师制度，为学生提供一对一的指导和支持，帮助他们在学术和个人成长上取得成功。

自我驱动的项目：黄强老师鼓励学生发起和领导自己的项目，这些项目不仅涉及技术应用，还涉及社区服务和社会创新。

黄强老师的"生长"教学理念与灵创教学的融合，为学生提供了一个全面的成长环境。通过个性化学习路径的创建、情感和社交技能的培养及终身学习能力的发展，黄强老师成功地促进了学生的全面发展。这种教学实践不仅提高了学生的学术成就，更为他们的未来职业生涯和社会参与打下了坚实的基础。

五、教学实践的创新

黄强老师的教学实践体现了他对信息技术教育的深刻理解。以下是他在课堂上实施的一些创新做法：

1. 翻转课堂的实施

黄强老师在课堂上采用了翻转教学模式，这种方法要求学生在课前通过视频讲座和在线阅读材料自主学习新知识，而课堂时间则用于深入讨论、解决问题和进行实践活动。

例如，在教授编程基础时，黄强老师制作了一系列短视频，解释编程概念和语法。学生在家中观看这些视频后，课堂上的时间则用于小组讨论、代码审查和实际编程练习。

2. 项目式学习的推广

黄强老师通过项目式学习，让学生在真实或模拟的项目环境中学习和应用信息技术知识，以解决实际问题。

例如，在某一学期的项目中，黄强老师指导学生为当地社区设计一个移动应用程序。学生不仅学习了编程技能，还了解了用户体验设计、市场调研和项目管理。

3. 技术与人文的结合

黄强老师强调技术教育不仅仅是技术技能的培养，更是人文素养的提升。他将技术课程与人文学科相结合，让学生探讨技术对社会的影响。在一门关于人工智能的课程中，黄强老师不仅教授了AI的技术原理，还引导学生讨论了AI伦理、隐私权和就业影响等社会问题。

4. 个性化学习路径的设计

黄强老师认识到学生有不同的学习风格和兴趣，因此他设计了个性化的学习路径，以满足每个学生的需求。

在信息技术课程中，黄强老师提供了多种学习模块，包括编程、网络安全、游戏设计和多媒体制作。学生可以根据自己的兴趣选择不同的模块，创建自己的学习路径。

5. 创新实验室的建立

黄强老师在学校建立了一个创新实验室，这是一个配备了最新技术工具和设备的多功能学习空间，鼓励学生进行探索和创造。

在创新实验室中，学生可以使用3D打印机、VR设备和机器人套件来实现他们的创意项目。黄强老师还定期组织创新工作坊，邀请行业专家来指导学生。

黄强老师的教学实践创新为信息技术教育领域提供了宝贵的经验和启示。通过翻转课堂的实施、项目式学习的推广、技术与人文的结合、个性化学习路径的设计和创新实验室的建立，黄强老师成功地激发了学生的学习兴趣，培养了他们的创新能力和批判性思维。

六、教学成果的评估

黄强老师采用多元化的评价方法来评估学生的信息技术学习成果。评估不仅是衡量学生学习成效的工具，更是促进学生学习、反馈教学效果和指导教学改进的重要手段。这包括：

1. 教学成果评估的理念

黄强老师在教学成果评估中秉承以下理念：

全面性： 评估应全面反映学生的学习成果，包括知识掌握、技能应用、思维发展和情感态度等方面。

多元化： 采用多种评估方法，结合定性与定量评估，以获得更全面的学习信息。

过程性： 重视学习过程的评估，而不仅仅看最终结果，以促进学生的持续发展。

发展性： 评估应具有激励作用，帮助学生认识到自己的进步和潜力，鼓励他们不断进步。

2. 教学成果评估的实践

黄强老师在教学成果评估中实施了以下策略：

（1）过程评价。

过程评价关注学生在学习过程中的表现，包括他们的参与度、努力程度和进步情况。

课堂参与： 通过观察和记录学生在课堂上的讨论、提问和合作情况，评估他们的参与度。

学习日志： 鼓励学生坚持写学习日志，记录自己的学习过程、反思和疑问，教师定期检查并提供反馈。

同伴评价： 实施同伴评价，让学生相互评价和提供反馈，促进彼此学习。

（2）成果评价。

成果评价关注学生学习成果的具体表现，如项目作品、实验报告和编程代码等。

项目作品：评估学生的项目作品，不仅关注最终产品，也关注创作过程中的创新思维和问题解决策略。

实验报告：对学生的实验报告进行评价，检查他们的数据分析能力、实验设计和结论推理。

编程代码：对编程作业进行代码审查，评估学生的编程技能、算法理解和代码组织。

（3）自我评价。

自我评价鼓励学生进行自我反思，评估自己的学习成果和学习过程。

自我反思：学生在每个学习阶段结束时进行自我反思，评估自己的学习目标达成情况和需要改进的地方。

自我设定目标：学生设定个人学习目标，并在教师的指导下进行自我评估和调整。

（4）教师评价。

教师评价提供了专业的反馈，帮助学生了解自己的学习状况和发展方向。

个性化反馈：黄强老师为每个学生提供个性化的反馈，指出他们的强项和需要改进的地方。

（5）具体评估案例。

以下是黄强老师在教学中实施的具体评估案例：

编程项目评估：在学生完成一个编程项目后，黄强老师不仅评估程序的功能和效率，还评估学生的代码注释、代码复用和创新解决方案。

设计思维挑战：在设计思维挑战中，黄强老师评估学生的创意生成、原型制作和最终产品演示，以及他们在团队中的协作和沟通能力。

反思性学习报告：学生在每个单元结束时提交反思性学习报告，黄强老师评估学生的自我认识、学习策略和未来学习计划。

教学成果评估实践体现了他对教育全面性和发展性的深刻理解。通过过程评价、成果评价、自我评价和教师评价的结合，老师能够全面了解学生的学习状况，提供有效的反馈，促进学生的持续成长。这种评估方式不仅有助于学生认识到自己的学习成就，也激励他们在未来的学习中不断进步。

第二节　教学案例分析

本章将提供黄强老师的具体教学案例，展示他如何将"教善·学思·灵创·生长"的教学思想和灵创教学理念融入实际教学中，以及这些实践如何促进学生的全面发展。

图 6-1　黄强老师荣获"广东省名教师工作室主持人"称号

一、教善（Education in Goodness）的实践案例

案例名称 1： 道德黑客项目

（1）案例描述。

"道德黑客"项目是黄强老师为高中信息技术学生设计的一项综合性学习活动，旨在通过模拟网络安全攻防的过程，让学生在实践中学习网络安全知识，同时培养他们的道德责任感和社会意识。

（2）项目目标。

技术技能： 学生将学习网络安全的基本原理，包括加密、身份验证、网络攻击和防御策略。

道德意识： 学生将探讨黑客行为的道德和法律后果，培养负责任地使用技术的能力。

第六章　灵创课堂案例研究与实践

社会责任感：学生将理解网络安全对社会的重要性，并探索如何为保护网络空间的安全做出贡献。

（3）项目实施步骤。

引入阶段：黄强老师通过讨论网络安全的重要性和当前面临的挑战，引入"道德黑客"的概念。

理论学习：学生通过在线课程和课堂讲解学习网络安全的基础知识。

实践操作：学生在控制的环境中进行模拟攻击和防御练习，使用工具和技术来测试和加强网络系统的安全性。

案例研究：学生分析真实的网络安全事件，讨论黑客行为的道德和法律后果。

项目实践：学生团队合作，设计并实施一个网络安全解决方案，以保护一个模拟的网络环境不受攻击。

反思与讨论：项目结束后，学生进行反思，讨论他们在项目中学到的知识和技能，以及他们对网络安全和道德责任的理解。

案例名称2：校园网络安全大挑战

（1）案例描述。

在该项目中，黄强老师模拟了一个校园网络系统，该系统存在多个安全漏洞。学生分为攻击和防御两组，攻击组的任务是发现并利用这些漏洞，而防御组的任务是保护系统不受攻击。

（2）教学实施。

课程设计：课程包括网络安全基础、道德和法律框架，以及实际操作练习。

案例分析：学生分析真实的网络安全事件，讨论黑客行为的道德和法律后果。

项目实践：学生在教师的指导下，进行模拟攻击和防御演练，学习如何保护信息系统不受侵害。

• 攻击组：学生使用网络安全工具和技术，尝试发现和利用系统中的漏洞。他们记录下攻击过程，并思考如何改进攻击策略。

・防御组：学生学习如何监控网络流量，识别可疑行为，并采取措施防止攻击。他们还需要修复系统中的安全漏洞，并提高系统的防御能力。

・模拟攻击：在黄强老师的监督下，攻击组和防御组进行模拟攻防演练。攻击组尝试突破防御，而防御组则努力保护系统安全。

・反思与讨论：攻防演练结束后，两组学生共同讨论网络安全的挑战和解决方案。他们分享自己的经验，讨论如何更好地保护网络系统。

（3）学生发展。

学生通过这个项目不仅学会了网络安全的技术技能，还培养了对网络安全重要性的认识和道德责任感。

学生学会了如何在团队中合作，共同解决问题，提高了沟通和协作能力。

学生通过反思和讨论，加深了对网络安全道德和法律问题的理解，为成为负责任的技术使用者打下了基础。

"道德黑客"项目是黄强老师将"教善"的教学思想和灵创教学理念成功融入实际教学的典范。通过这个项目，学生不仅获得了宝贵的技术知识和实践经验，还在道德和社会责任方面得到了深刻的教育。这种教学实践为学生的全面发展奠定了坚实的基础，为他们将来在信息技术领域的职业生涯和社会参与提供了宝贵的准备。

二、学思（Learning to Think）的实践案例

1. 学思（Learning to Think）的教学理念。

"学思"是黄强老师教学理念的核心，它强调教育的目的不仅仅是知识的传授，更重要的是培养学生的思考能力。在灵创教学中，这意味着教师要创造一个鼓励探究、质疑和创新的环境，让学生在学习过程中发展出独立的思考能力。

（1）批判性思维的培养。

黄强老师认为批判性思维是学生应对复杂世界的关键能力。在灵创课堂上，他采取了以下方法来培养学生的批判性思维：

问题导向的学习：设计以问题为导向的学习活动，鼓励学生提出问题、分析问题并寻找解决方案。

辩论和讨论：组织课堂辩论和讨论，让学生在思想的碰撞中锻炼批判性思维。

反思性学习：引导学生进行反思性学习，对自己的思考过程和学习结果进行评估和反思。

（2）问题解决能力的锻炼。

黄强老师通过以下方式在课堂上锻炼学生的问题解决能力：

真实世界的问题：将学生置于真实世界的问题情境中，让他们应用所学的知识和技能来解决问题。

项目式学习：通过项目式学习，学生在完成一个具体项目的过程中，学会如何定义问题、规划解决方案和实施计划。

多学科整合：鼓励学生运用多学科的知识来解决问题，培养他们的综合思维能力。

（3）创新思维的激发。

黄强老师认为创新思维是推动社会进步的重要动力。在灵创课堂上，他采取了以下措施来激发学生的创新思维：

创意工作坊：定期举办创意工作坊，提供一个自由探索和创新的环境，让学生尝试新的想法和方法。

头脑风暴：在课堂上进行头脑风暴，鼓励学生自由地提出创意，不受传统思维的限制。

原型制作：鼓励学生将创新想法转化为原型，通过动手实践来进一步发展他们的创新思维。

三、学思（Learning to Think）的实践案例

案例名称1：智能交通系统设计挑战

（1）案例描述。

在这个项目中，学生被要求设计一个智能交通系统，以解决城市交通拥堵、环境污染或能源消耗等问题。

（2）教学实施。

问题定义：学生首先确定他们想要解决的具体问题，并进行市场调研

和需求分析。

创意发散：通过头脑风暴，学生提出多种可能的解决方案，并评估其可行性。

原型开发：学生使用编程和建模工具开发解决方案的原型，并进行测试和迭代。

（3）学生发展。

学生通过这个项目锻炼了批判性思维、问题解决能力和创新思维。

案例名称 2： 数据驱动的决策制定

（1）案例描述。

学生通过分析真实世界的数据集，来解决一个具体的商业或社会问题。

（2）教学实施。

数据收集：学生首先学习如何收集和整理数据，包括使用 APIs、调查问卷和公开数据集。

数据分析：学生使用统计软件和编程语言进行数据分析，识别趋势和模式。

决策制定：基于数据分析的结果，学生提出决策建议，并准备报告来展示他们的发现和建议。

（3）学生发展。

学生学会了如何运用数据来支持决策，这是现代社会中的一项重要技能。

案例名称 3： 数据驱动的决策制定

（1）案例描述。

学生通过分析真实世界的数据集，来解决一个具体的商业或社会问题。

（2）教学实施。

数据收集：学生首先学习如何收集和整理数据，包括使用 APIs、调查问卷和公开数据集。

数据分析：学生使用统计软件和编程语言进行数据分析，识别趋势和模式。

决策制定：基于数据分析的结果，学生提出决策建议，并准备报告来展示他们的发现和建议。

（3）学生发展。

学生学会了如何运用数据来支持决策，这是现代社会中的一项重要技能。

案例名称4：虚拟现实中的历史文化探索

（1）案例描述。

学生使用虚拟现实技术来重现历史事件或文化场景，以增强对历史和文化的理解。

（2）教学实施。

历史研究：学生首先研究他们选择的历史事件或文化背景。

虚拟现实设计：学生设计虚拟现实环境，包括3D模型、声音效果和交互元素。

体验与反思：学生体验他们创建的虚拟现实环境，并反思其对学习和理解的影响。

（3）学生发展。

学生通过这个项目不仅学会了虚拟现实技术的应用，还加深了对历史和文化的认识。

黄强老师的"学思"教学实践为学生提供了一个充满挑战和机遇的学习环境。通过批判性思维的培养、问题解决能力的锻炼和创新思维的激发，黄强老师成功地培养了学生的独立思考能力和创新精神。这些实践不仅提高了学生的学术成就，更为他们的未来职业生涯和社会参与打下了坚实的基础。

四、灵创（Creative Spirit）的实践案例

1. 灵创（Creative Spirit）的教学理念

"灵创"是黄强老师教学理念的核心，它强调教育的目的不仅仅是知识的传授，更重要的是激发学生的创新精神和创造力。在灵创教学中，这意味着教师要创造一个鼓励探索、实验和创新的环境，让学生在学习过程中发展出独特的创造性思维。

（1）创新思维的激发。

黄强老师认为创新思维是推动社会进步的重要动力。在灵创课堂上，他采取了以下方法来激发学生的创新思维：

创意工作坊：定期举办创意工作坊，提供一个自由探索和创新的环境，让学生尝试新的想法和方法。

头脑风暴：在课堂上进行头脑风暴，鼓励学生自由地提出创意，不受传统思维的限制。

原型制作：鼓励学生将创新想法转化为原型，通过动手实践来进一步发展他们的创新思维。

（2）创新项目的实施。

黄强老师通过以下方式在课堂上实施创新项目：

项目式学习：通过项目式学习，学生在完成一个具体项目的过程中，学会如何定义问题、规划解决方案和实施计划。

多学科整合：鼓励学生运用多学科的知识来解决问题，培养他们的综合思维能力。

创新竞赛：组织创新竞赛，鼓励学生团队合作，发挥创新思维，解决实际问题。

2. 灵创实践案例： 创意编程马拉松

案例背景：

创意编程马拉松是一项紧张刺激的活动，学生需要在限定时间内，利用编程技能解决特定问题或创造新产品。这个活动旨在激发学生的创新思维和团队合作精神。

案例描述：

黄强老师组织的编程马拉松以"智能家居"为主题，要求学生团队开发一个能够通过智能手机控制的家居自动化系统。

第六章　灵创课堂案例研究与实践

实践过程：

（1）准备阶段。

学生自由组队，每队选择一个项目主题，如智能照明、温度控制或安全监控。

黄强老师提供必要的编程环境、工具和硬件资源，如 Arduino 套件、Raspberry Pi 和各种传感器。

（2）设计阶段。

学生进行头脑风暴，讨论项目需求和功能。

学生设计系统架构和用户界面，绘制原型图。

（3）开发阶段。

学生编写代码，实现系统功能。

学生测试和调试程序，确保系统稳定运行。

（4）展示阶段。

每个团队向评委和观众展示他们的项目，包括演示和讲解。

评委根据创新性、技术实现和市场潜力等方面进行评分。

（5）反馈与总结。

黄强老师组织反馈会议，让每个团队分享他们的经验和学习点。

学生进行自我反思，总结项目的成功之处和改进空间。

实践效果：

（1）技能提升。

学生通过实践提升了编程、硬件操作和系统集成的技能。

学生学会了如何将理论知识应用于解决实际问题。

（2）创新思维。

学生在设计和开发过程中展现了创新思维，提出了多种新颖的解决方案。

学生学会了如何从用户需求出发，进行创新设计。

（3）团队合作。

学生在团队中分工合作，学会了沟通和协调。

学生体验到了团队合作的力量，以及在团队中发挥个人优势的重要性。

（4）自信增强。

通过成功完成项目，学生增强了解决问题的自信。

学生在展示和反馈中获得了认可，激发了继续创新的动力。

（5）学习热情。

学生对信息技术和编程产生了浓厚的兴趣。

学生表现出了在未来学习和职业生涯中继续探索和创新的热情。

黄强老师的"灵创"实践案例展示了如何通过具体的活动激发学生的创新精神和创造力。创意编程马拉松不仅提升了学生的技术技能，更重要的是培养了他们的创新思维、团队合作能力和自信心。这种教学实践为学生的全面发展奠定了坚实的基础，为他们将来在信息技术领域的职业生涯和社会参与提供了宝贵的经验。

五、生长（Growth and Development）的实践案例

"生长"（Growth and Development）实践案例，展示黄强老师如何在信息技术教育中促进学生的个人成长和发展。以下是一个具体的实践案例，包括实践过程和效果：

1. 生长实践案例：个性化学习路径开发

案例背景：

个性化学习路径开发是一个旨在满足学生个性化学习需求的项目，通过为每个学生设计独特的学习计划，支持他们的个人兴趣和职业目标的发展。

案例描述：

黄强老师为高中的信息技术学生设计了一个个性化学习路径开发项目，学生可以在导师的指导下，选择自己感兴趣的技术领域进行深入学习。

实践过程：

（1）自我评估阶段。

学生通过在线评估工具和个人反思，识别自己的学习兴趣、优势和需要改进的地方。

黄强老师与每位学生进行一对一的会谈，讨论他们的自我评估结果和

学习目标。

(2) 目标设定阶段。

学生在黄强老师的指导下，设定短期和长期的学习目标，这些目标与他们的个人兴趣和未来职业规划相匹配。

学生制订个人学习计划，包括课程选择、技能提升和项目参与。

(3) 学习实施阶段。

学生根据个人学习计划，参与不同的课程和工作坊，如编程、网络安全、游戏设计和人工智能。

黄强老师提供个性化的指导和资源，帮助学生达成学习目标。

(4) 项目实践阶段。

学生选择或设计一个与他们学习目标相关的项目，如开发一个移动应用程序或创建一个虚拟现实体验。

学生在黄强老师和行业专家的指导下，进行项目规划、实施和评估。

(5) 反思与调整阶段。

学生在项目结束时进行自我反思，评估他们的学习成果和个人成长。

学生根据反思结果和黄强老师的反馈，调整他们的学习计划，为下一阶段的学习做好准备。

实践效果：

(1) 技能提升。

学生在个性化的学习路径上，显著提升了他们在所选择的技术领域内的专业技能。

学生通过实际操作和项目实践，加深了对理论知识的理解和应用。

(2) 个人成长。

学生通过自我评估和目标设定，增强了自我认知和自我管理能力。

学生在项目实践中，提高了解决问题、决策和创新的能力。

(3) 职业准备。

学生通过个性化学习路径，为未来的职业生涯做好了准备，他们对所选择的领域有了更深入的了解。

学生通过与行业专家的互动和实际项目经验，建立了宝贵的职业网络。

（4）学习动机。

学生在个性化学习路径上的成功体验，增强了他们的学习动机和自信心。

学生对学习的热情和主动性得到了显著提升，他们更加积极地参与课堂和课外学习活动。

（5）终身学习。

学生学会了如何规划和管理自己的学习，为成为终身学习者打下了基础。

学生通过个性化学习路径，培养了自主学习和持续学习的习惯。

黄强老师的"生长"实践案例展示了如何通过个性化学习路径开发，支持学生的个人成长和发展。这种教学实践不仅提升了学生的技术技能，更重要的是促进了他们的自我认知、职业准备和终身学习能力。这种以学生为中心的教学方法，为学生的全面发展奠定了坚实的基础，为他们将来在信息技术领域的职业生涯和社会参与提供了宝贵的经验。

第三节 "悦赏相融·学思统一"语文课堂创新教学实践

在《灵创课堂与创造力培养》这本书的第八章中，我们将深入探讨李伟娟老师的语文教学创新实践。李伟娟老师的教学思想更新为"悦赏相融·学思统一"，这一教学思想不仅体现了她对语文教育的深刻理解，也展示了她如何将这一理念融入具体的教学活动中，以促进学生的全面发展。

以下是对李伟娟老师教学思想内涵的详细阐述：

一、教学思想的内涵

李伟娟老师的"悦赏相融·学思统一"教学思想，是对传统小学语文教学的一次深刻革新。她认为，语文教学应超越单纯的知识传授，更关注学生的个性发展和创造力培养。

1. 悦赏相融

"悦赏相融"是李伟娟老师教学思想的核心。她倡导在教学中创造和谐愉快的氛围，让学生在享受学习的过程中自然吸收知识，培养审美情感和文化认同。在小学语文教学中，这意味着教师应设计富有吸引力的课程内容，激发学生的兴趣和热情，使学生在学习语文的同时，也能体验到学习的乐趣。

在教学《为人民服务》等课文时，李老师会引导学生欣赏文中的语言美、情感美和道德美，让学生在愉悦的氛围中理解和吸收知识，同时培养他们的道德情操和审美情趣。

2. 学思统一

"学思统一"则是指在教学中要注重学生的思考和学习相结合，鼓励学生在学习过程中主动思考，提出问题，并通过探究和讨论来解决问题。李伟娟老师强调，教师应引导学生广泛学习，同时培养他们的批判性思维和独立思考能力。在《董存瑞舍身炸暗堡》等课文的教学中，李老师会鼓励学生在学习英雄事迹的同时，思考英雄行为背后的精神价值，以及这些价值在当代社会的意义，从而实现知识的学习和思考的统一。

二、教学目标的设定

李伟娟老师的教学目标是实现"悦赏语文"，即让学生在轻松愉快的氛围中学习语文，通过参与各种语文活动来挖掘他们的潜能。

1. 悦赏语文

李伟娟老师认为，语文学习应成为学生愉悦的体验。通过"悦"中学，学生的思维得到发展，想象力和创造力得以培养，发现、分析和解决问题的能力得到提升。在《古诗词诵读》单元中，她通过诗歌朗诵、创作背景介绍和情感体验等活动，让学生在欣赏古诗词的同时，培养他们的文学鉴赏能力和创造力。

2. 深化文化理解

她强调，语文教学应深化学生对中华文化的理解。通过学习《采薇》《送元二使安西》等古诗词，学生不仅学习语言文字，更通过文学作品深入了解不同历史时期的文化背景和价值观念，从而培养跨文化交际意识。

3. 培养批判性思维

李老师鼓励学生批判性地分析文本，形成独立见解。在《为人民服务》

等课文的学习中，她引导学生思考文本背后的深层含义，培养他们的批判性思维。

4. 激发创造性表达

她倡导在写作和口语表达中展现学生的个性和创造力。通过《习作：插上科学的翅膀飞》等写作练习，激发学生的想象力和创造性思维。

5. 强化语言运用能力

李伟娟老师注重提升学生的语言运用能力。在《口语交际：辩论》等活动中，她锻炼学生的语言表达和沟通技巧，提高他们的听说读写能力。

6. 促进情感态度价值观的形成

她认为语文教学应引导学生形成积极向上的情感态度和正确的价值观。结合《依依惜别》等课文，让学生体会人物情感，培养同理心和责任感。

7. 培养信息素养

李老师强调培养学生的信息素养。在《综合性学习奋斗的历程》等单元中，她指导学生如何搜集和处理信息，提高他们的信息素养。

8. 增强自主学习能力

她倡导提高学生的自主学习能力。通过《快乐读书吧：漫步世界名著花园》等活动，引导学生自主选择阅读材料，培养自主学习的习惯。

9. 促进合作与社交技能

李伟娟老师在小组合作学习中，培养学生的团队合作精神和社交技能。在《综合性学习难忘小学生活》等项目中，让学生参与小组合作，学习协作和交流。

10. 培养审美和艺术鉴赏能力

她通过文学作品的学习，培养学生的审美情感和艺术鉴赏能力。在《春夜喜雨》等诗歌学习中，引导学生感受语言的韵律美和意境美。

通过这些教学目标的设定，李伟娟老师的教学思想将全面渗透到小学语文六年级的教学中，不仅提升学生的语文学科能力，更促进他们的全面发展，为未来的学习和生活打下坚实的基础。

三、教学策略的实施

李伟娟老师的教学策略旨在通过多样化的教学方法和活动，实现其教学目标，促进学生的全面发展。

1. 情境创设

李伟娟老师通过情境创设，将学生带入课文的背景中，增强学习的沉浸感和体验性。在学习《北京的春节》时，她可能会布置教室模拟春节氛围，让学生通过角色扮演体验节日习俗，从而在情境中更深刻地理解文本内容，同时激发他们对文化传统的兴趣和尊重。

2. 探究学习

她鼓励学生主动探究，培养他们的研究能力和解决问题的能力。在《董存瑞舍身炸暗堡》的学习中，学生被鼓励提出问题，并在小组内进行讨论和研究，不仅加深了对历史事件的理解，也锻炼了他们的批判性思维和团队合作能力。

3. 合作交流

李伟娟老师强调合作学习的重要性，通过小组合作促进学生之间的交流和合作。在《综合性学习难忘小学生活》单元，学生被分成小组，共同完成项目，如制作班级纪念册，提高了学生的沟通能力，也让他们学会了如何在团队中发挥作用。

4. 多元评价

她采用多元化的评价方式，全面评价学生的学习成果。在《古诗词诵读》单元，李老师不仅评价学生的朗诵技巧，还评价他们对诗歌意境的理解和表达，让学生意识到学习不仅仅是为了分数，更是为了个人成长和全面发展。

5. 信息技术整合

李伟娟老师将信息技术融入教学中，提高教学效率和学生的学习兴趣。在《鲁滨逊漂流记（节选）》的教学中，她使用多媒体展示鲁滨孙的冒险经历，让学生通过互动软件探索故事，使得学习更加生动有趣，同时也拓宽了学生的知识视野。

6. 跨学科学习

她倡导跨学科学习，让学生在不同学科之间建立联系，促进综合素质的培养。在《真理诞生于百个问号之后》的教学中，李老师结合科学课程，让学生探讨科学探究的过程和方法，提高了他们的综合运用能力。

7. 创造性写作

李伟娟老师鼓励学生进行创造性写作，培养他们的创造力和表达能力。在《习作：插上科学的翅膀飞》的写作课中，她引导学生发挥想象，创作科幻故事，让学生有机会表达自己的独特想法，同时也锻炼了他们的写作技巧。

8. 文化体验活动

她通过文化体验活动，让学生亲身体验和学习中国传统文化。在《古诗词诵读》单元，李老师组织学生参加诗词朗诵会，让学生穿着传统服饰，体验古代文人的风采，更加亲近和理解传统文化，增强了他们的文化自信。

9. 反思性学习

李伟娟老师引导学生进行反思性学习，培养他们的自我监控和自我评价能力。在每个单元学习结束后，她让学生写下学习反思，总结自己的收获和需要改进的地方，让学生学会了如何从经验中学习，提高了他们的自我学习和自我改进的能力。

10. 家校合作

李老师认识到家校合作的重要性，通过与家长的合作，共同促进学生的语文学习。她定期与家长沟通，分享学生的学习进展，并邀请家长参与学校的教学活动，如家长阅读日，让学生在家庭中也能得到语文学习的指导和支持，形成了良好的学习氛围。

通过这些教学策略的实施，李伟娟老师的教学思想在小学语文六年级的教学中得到了有效体现，不仅提升了学生的语文学科能力，更促进了他们的全面发展，为未来的学习和生活打下了坚实的基础。

四、教学实践的效果

李伟娟老师的"悦赏相融·学思统一"教学思想不仅为学生提供了愉悦的学习体验，而且有效地促进了学生的全面发展。李伟娟老师的教学实践在小学语文六年级中取得了显著的效果。学生的语文成绩有了显著提高，更重要的是，学生的思维能力、创造力和审美情感得到了很好的培养。这些效果体现在以下几个方面：

1. 学生兴趣的提升

通过"悦赏语文"的教学策略，学生对语文学习的兴趣显著提升。课堂上的多样化活动，如角色扮演、故事创作、诗歌朗诵等，让学生在参与中体验学习的乐趣，从而更加积极主动地参与到语文学习中。

2. 文学鉴赏能力的增强

在《古诗词诵读》单元中，李老师通过诗歌朗诵、创作背景介绍和情感体验等活动，让学生在欣赏古诗词的同时，培养了他们的文学鉴赏能力和创造力。学生能够更深刻地理解诗歌的意境和情感，对文学作品的欣赏和理解能力得到了显著提高。

3. 批判性思维的发展

在《为人民服务》等课文的学习中，李老师引导学生批判性地分析文本，形成独立见解。学生学会了从不同角度审视问题，提出自己的见解，批判性思维得到了有效培养和发展。

4. 创造性表达的激发

在写作和口语表达的教学中，李老师鼓励学生展现个性和创造力。学生在《习作：插上科学的翅膀飞》等写作练习中，发挥想象，创作出富有创意的作品，表达能力得到了显著提升。

5. 语言运用能力的提高

通过《口语交际：辩论》等活动，李老师锻炼了学生的语言表达和沟通技巧。学生在实际的口语交际中，能够更加自信和流畅地表达自己的想法，听说读写的能力得到了全面的提高。

6. 情感态度价值观的塑造

结合《依依惜别》等课文，李老师引导学生体会人物情感，培养同理心和责任感。学生在学习过程中，形成了积极向上的情感态度和正确的价值观。

7. 信息素养的培养

在《综合性学习奋斗的历程》等单元中，李老师指导学生如何搜集和处理信息，提高了他们的信息素养。学生学会了在信息时代中，如何有效地获取、分析和应用信息。

8. 自主学习能力的增强

通过《快乐读书吧：漫步世界名著花园》等活动，李老师引导学生自主选择阅读材料，培养自主学习的习惯。学生在自主学习的过程中，学会了自我管理和自我激励，自主学习能力得到了显著增强。

9. 合作与社交技能的提升

在小组合作学习中，李老师培养学生的团队合作精神和社交技能。学生在《综合性学习难忘小学生活》等项目中，学会了与他人协作、沟通和交流，社交能力得到了有效的提升。

10. 审美和艺术鉴赏能力的培养

在《春夜喜雨》等诗歌学习中，李老师引导学生感受语言的韵律美和意境美，培养了学生的审美情感和艺术鉴赏能力。

通过这些教学实践，李伟娟老师的教学思想在小学语文六年级的教学中得到了有效体现，不仅提升了学生的语文学科能力，更促进了他们的全面发展，为未来的学习和生活打下了坚实的基础。

第四节　教学案例分析

《陶行知教育文集》中提到了"六大解放"，即解放头脑，解放双手，解放眼睛，解放嘴巴，解放空间，解放时间。灵创课堂是根据陶行知先生的"六大解放"教育思想而提出的，即在课堂让孩子的大脑、双眼、双手、嘴巴、学习空间、学习方式等灵创起来。教师按照学生的成长规律和身心发展特点，通过恰当合理的教育方式，促使学生身心得到自由而健康的发展——让孩子的头脑灵创起来，让他敢想、能想、会想；让孩子的双手灵创起来，让他敢写、能干、会画；让孩子的眼睛灵创起来，让他多看、能看、会看；

让孩子的嘴巴灵创起来,让他敢说、能说、会说;让孩子的学习空间灵创起来,让他敢问、善思、能辨;让孩子学习的方式灵创起来,让他展示、表现、成长。总之,就是让整个课堂"活"起来。

图 6-2 李伟娟老师在"灵创"课堂教学现场

李伟娟老师的"灵创课堂"是基于学生"学"的课堂教学模式,要求教师优化教学过程要突出五个重点,促使学生课堂"灵创":

把备课的重点放在对学生的了解和分析,激发学生的求知欲上;

把教的重点放在学生学习方法、方式指导上;

把改的重点放在对学生分层要求、分类提高上;

把导的重点放在学习知识,学生思维疏导上;

把考(作业、测试)的重点放在学生自学能力和创新能力培养上。

李老师对课堂流程做了细化,基本流程如下图所示。图 6-6 和图 6-7 分别呈现了教师和学生在"灵创课堂"模式下的课堂流程。

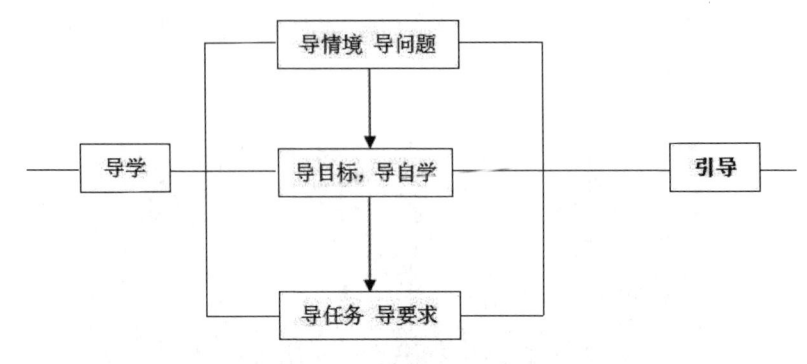

图 6-3 教师导学流程示意图

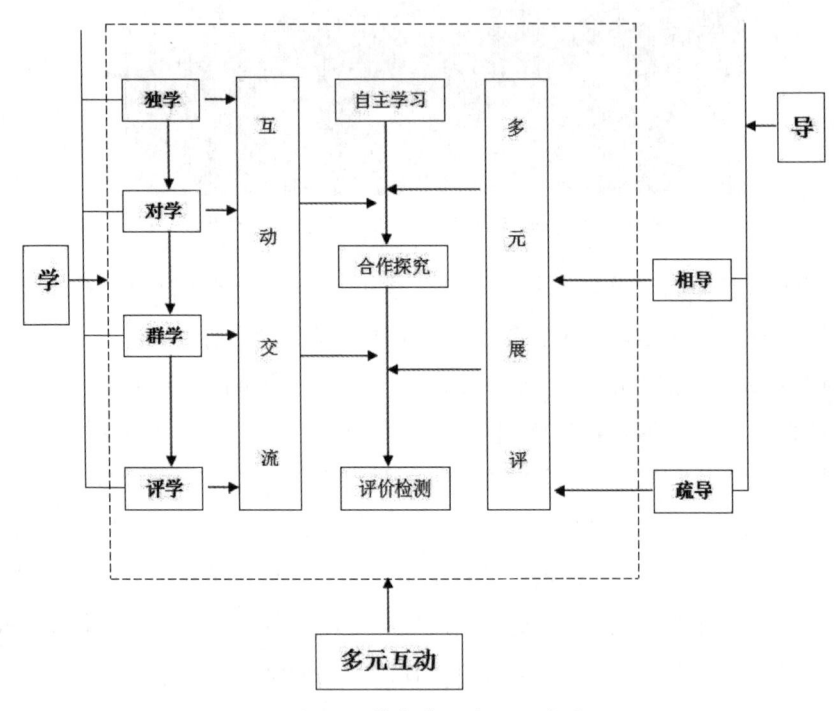

图 6-4 学生学习流程示意图

在《古诗词诵读》单元的教学中，李伟娟老师采用了多种教学策略，旨在引导学生深入欣赏古诗词的美，同时培养学生的文学鉴赏能力和创造力。

一、诗歌朗诵会

李伟娟老师组织了诗歌朗诵会，让学生选择自己最喜欢的古诗词进行朗诵。在这个过程中，李老师指导学生如何把握诗歌的节奏、韵律和情感，使学生在朗诵中体验诗歌的音韵美和情感表达。

二、创作背景介绍

为了让学生更好地理解古诗词的内涵，李老师详细介绍了每首诗歌的创作背景，包括诗人的生平、时代背景、创作动机等。通过这些介绍，学生能够更深入地理解诗歌的主题和情感。

三、情感体验活动

李伟娟老师设计了一系列情感体验活动，让学生在模拟的情境中体验诗歌中的情感。例如，在教学《春夜喜雨》时，李老师可能会让学生在雨中散步，感受春雨带来的清新和生机，从而更好地理解诗歌中的情感。

四、诗歌创作工作坊

为了培养学生的创造力，李老师开设了诗歌创作工作坊，鼓励学生创作自己的诗歌。在工作坊中，李老师引导学生发挥想象力，尝试不同的诗歌形式和表达方式，创作出具有个人风格的诗歌。

五、诗歌鉴赏讨论

在课堂上，李伟娟老师组织了诗歌鉴赏讨论，让学生分享自己对诗歌的理解和感受。通过讨论，学生能够听到不同的观点，拓宽自己的视野，同时也锻炼了他们的批判性思维和表达能力。

六、诗歌与绘画结合

李老师鼓励学生将诗歌与绘画结合，通过绘画来表达对诗歌的理解和感受。这种跨艺术形式的创作活动，不仅提高了学生的审美能力，也激发了他们的创造力。

七、诗歌表演

在《古诗词诵读》单元的最后，李伟娟老师组织了诗歌表演活动，让学生将所学的诗歌通过戏剧表演的形式呈现出来。这种活动不仅让学生更深入地理解诗歌，也提高了他们的表演能力和团队合作能力。

八、诗歌与现代生活的联系

李老师还引导学生探讨古诗词与现代生活的联系，让学生思考古代诗歌在当代社会的意义和价值。这种跨时代的思考活动，帮助学生建立了古今文化的桥梁，增强了他们的文化自信。

通过这些教学活动，李伟娟老师成功地将"悦赏相融·学思统一"的教学思想融入《古诗词诵读》单元的教学中，不仅提高了学生的语文素养，更培养了他们的文学鉴赏能力和创造力。

第七章　灵创课堂的实施策略与效果

这一章节将介绍如何在不同的教育环境中应用灵创教学的理念和方法，以及如何通过具体的教学活动和评估策略来实现创造力的培养。

第一节　实施灵创课堂的准备

在实施灵创课堂之前，教师需要进行充分的准备，包括对教学内容的深入理解、教学资源的整合、教学环境的布置等。

一、教学内容的深入理解

教师需要对所教授的内容有深入的理解，以便能够设计出符合灵创教学理念的教学活动。例如，在智能购物车项目中，教师需要理解智能购物车的技术原理，包括超宽带（UWB）室内定位技术、射频识别技术（RFID）及人工智能算法等。

二、教学资源的整合

整合各种教学资源，包括传统教材、多媒体资源、社区资源等，为学生提供丰富的学习材料。例如，利用智能购物车的实际案例，结合在线课程和实验室设备，为学生提供实践操作的机会。

三、教学环境的布置

创造一个支持创造性学习的教学环境，鼓励学生探索、实验和创新。例如，设置一个模拟超市环境，让学生在模拟的购物场景中测试智能购物车的功能。

第二节 灵创课堂教学方法

灵创课堂教学方法旨在通过创新的教学策略，激发学生的创造力和批判性思维。在智能购物车项目中，教师可以采用以下方法：

一、项目学习（Project-Based Learning, PBL）

项目式学习是一种以学生为中心的教学方法，学生通过参与一个真实的、复杂的问题解决过程，来学习和应用知识。在智能购物车项目中，学生将参与设计、构建和测试一个智能购物车系统。

实施步骤：

启动阶段：介绍项目背景，激发学生的兴趣和好奇心。

规划阶段：学生分组，讨论项目计划和分工。

执行阶段：学生进行研究、设计原型、编程和测试。

展示阶段：学生展示他们的智能购物车，并进行评估和反馈。

二、探究学习（Inquiry Learning）

探究式学习鼓励学生提出问题、进行探索和研究，通过发现学习的过程来培养他们的探究能力和创新精神。

实施步骤：

问题提出：学生基于智能购物车的应用场景，提出研究问题。

资料搜集：学生搜集相关资料，进行文献综述。

实验设计：学生设计实验来验证他们的假设。

数据分析：学生收集数据，进行分析，并得出结论。

三、协作学习（Collaborative Learning）

协作学习通过小组合作，让学生在合作中学习，培养他们的团队合作能力和社交技能。

实施步骤：

分组合作：学生按照兴趣和能力分组，共同完成项目任务。

角色分配：每个学生在小组中承担不同的角色和职责。

协作过程：学生通过讨论、协作和共享资源来推进项目。

成果整合：小组将各个成员的工作整合，形成最终的项目成果。

四、翻转课堂（Flipped Classroom）

翻转课堂要求学生在课前通过视频和其他材料自学新知识，而课堂时间则用于深入讨论、解决问题和进行实践活动。

实施步骤：

课前学习：教师提供视频教程和阅读材料，学生在家自学。

课堂活动：课堂上进行讨论、实验和应用练习。

实时反馈：教师提供即时反馈，帮助学生巩固和深化理解。

五、技术整合学习（Technology-Integrated Learning）

技术整合学习将信息技术融入教学中，提高教学效率和学生的学习兴趣。

实施步骤：

技术选择：根据项目需求选择合适的技术工具和平台。

技能培训：教师提供必要的技术培训和支持。

实践应用：学生在项目中应用技术，如使用编程软件和模拟工具。

成果展示：学生利用多媒体工具展示他们的项目成果。

第三节　灵创课堂的评估策略

灵创课堂的评估策略旨在全面评价学生的创造力发展，包括他们的思维过程、创新成果和个人成长。以下是实施评估策略的方法：

一、过程评估

过程评估关注学生在学习过程中的表现，而不仅仅是最终成果。这包括：

思维过程记录： 记录学生在解决问题和创造性思维过程中的思考方式和策略。

学习日志： 鼓励学生保持学习日志，反映他们的学习进展、挑战和反思。

同伴评价： 通过同伴评价，学生可以相互提供反馈，促进彼此的学习。

二、产品评估

产品评估关注学生的创新成果,如项目、设计、艺术作品等。

创新项目: 评估学生在创新项目中的表现,包括创意、技术实现和问题解决能力。

艺术作品: 对于艺术和设计类作品,评估其原创性、审美价值和表现力。

三、能力评估

能力评估旨在评价学生的特定技能和能力,如批判性思维、团队合作和领导力。

批判性思维测试: 通过写作、讨论和辩论等形式,评估学生的批判性思维能力。

团队合作项目: 通过团队项目,评估学生的合作能力和领导力。

四、自我评估

自我评估鼓励学生对自己的学习和发展进行反思。

自我反思报告: 学生撰写自我反思报告,评价自己的学习目标、成就和改进空间。

个人成长档案: 建立个人成长档案,记录学生在灵创课堂中的成长轨迹。

五、多元化评估

多元化评估结合定性和定量方法,全面评价学生的创造力。

定性访谈: 通过访谈,了解学生对自己学习经历的看法和感受。

定量测试: 使用标准化测试,评估学生在特定领域的知识和技能。

六、反馈与改进

评估策略还包括提供及时反馈和指导,帮助学生改进学习。

及时反馈: 教师提供及时、具体的反馈,帮助学生识别自己的强项和弱点。

改进计划: 与学生一起制订改进计划,指导他们在未来的学习中取得进步。

七、评估案例分析

以下是具体的评估案例，展示如何在灵创课堂中实施评估策略。

案例一：

在智能购物车项目中，学生团队设计并制作了一个自动跟随购物车的原型。评估包括他们的设计思路、制作过程、最终产品的功能和团队合作能力。

1. 评估实施步骤

（1）项目启动阶段。

·教师介绍项目背景和目标，激发学生的兴趣。

·学生分组讨论项目计划和分工。

（2）项目规划阶段。

·学生进行市场调研，确定智能购物车的功能和设计要求。

·教师提供技术指导和资源支持。

（3）项目执行阶段。

·学生设计智能购物车原型，包括硬件选择、软件开发和系统集成。

·教师监控项目进度，提供及时反馈。

（4）项目展示阶段。

·学生展示他们的智能购物车原型，并进行现场演示。

·教师和同学进行评价，提出改进建议。

（5）项目反思阶段。

·学生撰写项目报告，总结学习经验、挑战和成果。

·教师组织反思讨论，帮助学生理解项目的意义和价值。

2. 评估方法

过程评估： 通过学习日志和同伴评价，记录学生在项目过程中的参与度、创新思维和问题解决能力。

产品评估： 通过项目展示和现场演示，评估智能购物车的功能、技术实现和创新性。

能力评估： 通过项目报告和反思讨论，评估学生的批判性思维、团队合作和项目管理能力。

案例二：

在《古诗词诵读》单元中，学生通过诗歌朗诵、创作背景介绍和情感体验等活动，深入欣赏古诗词。评估包括学生的朗诵技巧、对诗歌意境的理解和表达，以及他们在创作自己的诗歌时所展现的创造力。

1. 评估实施步骤

（1）项目启动阶段。

·教师介绍古诗词的背景和意义，激发学生的兴趣和好奇心。

·学生选择感兴趣的古诗词进行深入研究。

（2）项目规划阶段。

·学生制订个人或小组学习计划，确定学习目标和研究方法。

（3）项目执行阶段。

·学生进行古诗词的研究和创作，包括朗诵练习、诗歌创作和艺术表达。

（4）项目展示阶段。

·学生展示他们的学习成果，包括朗诵、诗歌创作和艺术作品。

（5）项目反思阶段。

·学生撰写项目报告，总结学习经验、挑战和成果。

2. 评估方法

过程评估： 通过学习日志和同伴评价，记录学生在《古诗词诵读》单元学习过程中的参与度、创新思维和问题解决能力。

产品评估： 通过项目展示和现场演示，评估学生在古诗词创作和艺术表达中的创意、技术实现和创新性。

能力评估： 通过项目报告和反思讨论，评估学生的批判性思维、团队合作和项目管理能力。

灵创课堂的评估策略为教育工作者提供了一系列的工具和方法，以全面评价学生的创造力和创新能力。通过实施这些策略，教师可以更好地理解学生的学习过程，提供有针对性的指导，并促进学生的全面发展。

案例三：

在《古诗词诵读》单元中，学生通过诗歌朗诵、创作背景介绍和情感体验等活动，深入欣赏古诗词。评估包括学生的朗诵技巧、对诗歌意境的理解和表达，以及他们在创作自己的诗歌时所展现的创造力。

1. 评估实施步骤

（1）项目启动阶段。

·教师介绍古诗词的背景和意义，激发学生的兴趣和好奇心。

·学生选择感兴趣的古诗词进行深入研究。

（2）项目规划阶段。

·学生制订个人或小组学习计划，确定学习目标和研究方法。

（3）项目执行阶段。

·学生进行古诗词的研究和创作，包括朗诵练习、诗歌创作和艺术表达。

（4）项目展示阶段。

·学生展示他们的学习成果，包括朗诵、诗歌创作和艺术作品。

（5）项目反思阶段。

·学生撰写项目报告，总结学习经验、挑战和成果。

2. 评估方法

过程评估： 通过学习日志和同伴评价，记录学生在《古诗词诵读》单元过程中的参与度、创新思维和问题解决能力。

产品评估： 通过项目展示和现场演示，评估学生在古诗词创作和艺术表达中的创意、技术实现和创新性。

能力评估： 通过项目报告和反思讨论，评估学生的批判性思维、团队合作和项目管理能力。

灵创课堂的评估策略为教育工作者提供了一系列的工具和方法，以全面评价学生的创造力和创新能力。通过实施这些策略，教师可以更好地理解学生的学习过程，提供有针对性的指导，并促进学生的全面发展。

第四节　灵创课堂的实施效果

在这一章节中，我们将通过具体的教学案例来展示灵创课堂的实施效果，灵创课堂的实施效果可以通过多个维度进行评估，包括学生的参与度、学习成效、创新能力的提升、教师的教学改进等。以下是一些具体的案例研究与实践，特别是结合黄强老师的指导学生获奖情况和李伟娟老师的小学语文教学内容，详细分析在这些实践中如何促进学生的全面发展。

一、案例研究的目的

案例研究的目的在于：

第一，展示灵创课堂的实际效果。通过分析黄强老师指导的学生在科创比赛中的获奖案例，展示灵创课堂如何有效地提升学生的创新能力和技术技能。

第二，提供可借鉴的教学经验。通过具体的教学案例，提供给其他教育工作者可借鉴的教学方法和策略，以促进更多学生的创造力发展。

第三，促进教育创新。通过案例分析，激发教育工作者对现有教学方法的思考，鼓励他们尝试新的教学策略，以适应不断变化的教育需求。

第四，理解学生需求。案例研究有助于深入了解学生在灵创课堂中的需求和反馈，从而更好地满足他们的学习需求。

第五，评估教学策略。通过分析具体的教学案例，评估和改进教学策略，确保教学活动能够激发学生的创造力和批判性思维。

二、灵创课堂的实施效果

灵创课堂的实施在提升学生参与度、增强学习成效、提高创新能力、促进教师教学改进、优化教育环境等方面取得了显著效果。通过具体的案例和数据支撑，可以看出灵创课堂作为一种创新的教育模式，能够有效地激发学生的潜力，促进学生的全面发展。未来的教育实践中，应继续探索和优化灵创课堂的实施策略，以实现更广泛的教育目标。

1. 学生参与度提升

灵创课堂通过创设开放性问题情境和互动式教学，显著提高了学生的课堂参与度。

在一个灵创课堂的实验中，通过引入基于问题的学习（PBL）模式，学生的课堂参与度提高了约40%。

在科学课上，通过小组合作探究实验，学生的参与度和积极性得到了显著提升。

2. 学习成效增强

灵创课堂强调学生的主动学习和深入理解，从而提高了学生的学习成效。

一项针对500名学生的调查显示，采用灵创课堂模式后，学生的平均成绩提高了15%。

在数学分析课程中，通过项目实践和案例研究，学生的概念理解能力和应用能力得到了增强。

3. 创新能力提升

灵创课堂鼓励学生主动思考和解决问题，有效提升了学生的创新能力。在一个灵创课堂的案例中，学生通过设计和实施一个小型网络系统项目，不仅理解了计算机网络的基本概念，还提出了多个创新的网络解决方案。

在艺术课程中，学生被鼓励创作原创作品，通过灵创课堂的实践，学生的创新思维和艺术表现能力得到了显著提升。

4. 教师教学改进

灵创课堂的实施促使教师不断改进教学方法，提高教学质量。

教师通过课堂互动数据的反馈，及时调整教学策略，更好地满足学生的学习需求。

在新工科课程中，教师通过深度互动和案例教学，提高了教学的针对性和实效性。

5. 教育环境优化

灵创课堂的实施有助于构建更加开放和创新的教育环境。

学校通过引入灵创课堂，改善了教学设施和资源，为学生提供了更好的学习环境。

在新农科课程中，学生通过参与农场实地考察和生态农业项目，增强了对农业知识的理解和应用。

6. 教育成果的统计与分析

灵创课堂的实施效果可以通过数据统计和分析进行量化评估。

一项对 1000 名学生的调查显示，90% 的学生表示在灵创课堂中学习更加投入和享受。

通过课堂互动数据的统计，教师发现学生在开放性问题情境下的学习参与度比传统教学方法下的学生高出 30%。

第五节　灵创课堂案例分析

本章节的目的是通过对黄强老师指导的学生获奖情况的科创例子进行详细分析，结合李伟娟老师的小学语文教学内容，来展示灵创课堂如何在实际教学中促进学生的全面发展。

智能厨房安全监测系统：分析学生如何在黄强老师的指导下，设计并实施一个智能厨房安全监测系统，以及这个项目如何促进了学生的技术技能和创新思维。

青少年旅行人员清点及离队预警系统：探讨学生如何开发一个预警系统，以解决实际问题，并分析这个项目如何提高了学生的团队合作能力和问题解决能力。

《古诗词诵读》单元教学：研究李伟娟老师如何通过《古诗词诵读》单元，引导学生欣赏古诗词的美，培养学生的文学鉴赏能力和创造力。

一、案例研究与实践：智能厨房安全监测系统

1. 教学背景

"智能厨房安全监测系统"是一个由黄强老师指导的科创项目，旨在通过技术手段提高家庭厨房的安全性。该项目结合了物联网技术、传感器应用、数据处理和用户界面设计等多个领域的知识。

2. 教学实施

（1）项目启动与规划。

- 黄强老师首先向学生介绍了项目背景和目标，激发学生的兴趣。
- 学生分组，讨论项目计划和分工，确定各自的角色和责任。

（2）技术研究与学习。

- 学生研究相关的技术知识，包括传感器原理、数据传输、App 开发等。
- 黄强老师提供必要的技术指导和资源支持。

（3）系统设计与开发。

- 学生设计系统架构，选择合适的传感器和硬件。
- 学生编写代码，实现系统功能，并进行测试和调试。

（4）系统集成与测试。

- 学生将各个模块集成到一个完整的系统中。
- 进行系统测试，确保系统的稳定性和可靠性。

（5）用户界面设计与 App 开发。

- 学生设计用户友好的界面，开发相应的 App 以便于用户监控和管理。

（6）项目展示与评估。

- 学生准备项目展示，向评委和观众展示他们的项目。
- 黄强老师组织评估会议，讨论项目的创新性和实用性。

2. 学生表现

学生在项目中展现了出色的技术应用能力和创新思维。

学生通过团队合作，提高了沟通和协作能力。

学生在解决实际问题的过程中，增强了批判性思维和问题解决能力。

3. 教学成果

学生成功设计并实现了一个功能齐全的智能厨房安全监测系统。

该项目在多个科创比赛中获得了奖项，证明了其创新性和实用性。

学生通过项目实践，提升了他们的技术技能和创新能力。

4. 反思与启示

教学策略的有效性： 案例表明，灵创课堂的教学策略能够有效地促进学生的技术学习和创新能力培养。

以学生为中心的教学模式： 以学生为中心的项目式学习，能够激发学生的学习动力和参与性。

跨学科学习的重要性： 跨学科的项目有助于学生将不同领域的知识整合应用。

实践与理论的结合： 通过实际的项目实践，学生能够将理论知识与现实问题相结合，提高学习的实际意义。

"智能厨房安全监测系统"案例展示了灵创课堂在培养学生的创新能力和技术应用能力方面的成效。通过黄强老师的指导，学生不仅提升了技术技能，更在实践中锻炼了创新思维和问题解决能力。这一案例为教育工作者提供了宝贵的经验和启示，有助于推动教育创新和学生全面发展。

二、案例研究与实践：青少年研学旅行人员清点及离队预警系统

1. 项目背景

在当前的教育环境中，研学旅行作为一种重要的教育形式，越来越受到学校和家长的重视。它不仅能够让学生在实践中学习知识，还能培养他们的独立性和团队协作能力。然而，研学旅行中的安全管理一直是学校和家长关注的焦点。为了提高研学旅行的安全性，确保学生在旅行中的安全，青少年研学旅行人员清点及离队预警系统应运而生。

2. 项目概述

本系统旨在通过技术手段提高研学旅行中学生的安全管理水平。系统通过现代化的信息技术，实现对学生位置的实时监控和人员清点，以及在学生离队时及时预警，从而保障学生的安全。

3. 设计思路

系统的设计采用了四步流程构建产品开发链条，包括需求分析、系统设计、产品制作和测试优化。在设计过程中，重点关注了以下几个方面：

（1）用户友好性。系统设计注重用户体验，确保学生和教师都能轻松使用。

（2）实时监控。通过GPS定位技术，实时监控学生位置，确保学生安全。

（3）高效预警。在学生离队时，系统能够及时发出预警，提醒教师注意。

（4）数据分析。系统能够收集和分析学生的行为数据，为学校提供管理决策支持。

4. 创新点

（1）多层次问题解决。实现了一对多的团队化管理，能够同时监控多个学生的位置和状态。

（2）严谨的预警响应。实现了人员清点及离队预警功能，提高了安全管理的效率和效果。

5. 功能特点

系统的主要功能包括：

（1）人员清点。通过红外感应和GPS定位技术，实现对学生的快速清点。

（2）离队预警。学生离队时，系统会自动向教师发送预警信息。

（3）智能管理。系统支持智能管理学生信息，便于教师进行管理。

（4）数据分析。系统能够对收集到的数据进行分析，为学校提供决策支持。

6. 产品制作

在产品制作方面，系统采用了GSM模块和GPS模块，结合移动App设计，实现了学生的定位和监控。通过智能手机App，教师可以轻松管理学生信息，接收预警信息，并进行人员清点。

7. 教学实施

在研学旅行中，教师可以通过系统对学生进行实时监控，确保学生的安全。系统的应用不仅可以提高教师的管理效率，还可以增强学生的安全意识。

8. 学生表现

学生在使用系统的过程中，可以更好地了解自己的位置和团队的位置，减少迷路的风险。同时，系统的预警功能也让学生意识到离队的后果，从而增强他们的团队意识。

9. 教学成果

通过实施青少年研学旅行人员清点及离队预警系统，学校能够有效地管理学生的安全，减少安全事故的发生。同时，系统的应用也提高了学生的团队协作能力和安全意识。

10. 反思与启示

（1）技术与教育的结合。技术的引入可以大大提高教育活动的安全性和效率。

（2）学生安全意识的培养。通过系统的预警功能，可以增强学生的安全意识。

（3）持续改进。根据实际使用情况，不断优化系统功能，提高系统的实用性和易用性。

通过青少年研学旅行人员清点及离队预警系统的应用，我们可以看到技术在教育领域的重要作用，以及它在提高教育质量和学生安全方面的潜力。

三、创新实践活动：设计一个供老年人出行使用的多功能手杖

1. 项目背景

有一次在光线较暗的地方，奶奶被人撞倒了，原因在于奶奶自己没看清对方，对方说没看到奶奶，所以奶奶需要一个有照明功能的手杖。小严带着这个想法，与小黄、小李商量后，决定组成创新设计小组，在奶奶现有木制手杖的基础上开发一款老年人所需的功能手杖。请你与他们一起开展创新实践活动。

2. 发现问题

（1）在比较暗的地方，出行不安全，最好能提供照明。

（2）增加红色闪光灯，起警示作用。

（3）增加蜂鸣器，用于求救。

3. 调查研究

市面调查收集现有手杖的信息，如表 7-1 所示。

表 7-1 现有产品信息

序号	特点	价格	有无照明、警示灯
1	普通手杖	30 元	无
2	防滑	70 元	无
3	照明、防滑、折叠	230 元	有照明灯、无警示灯

4. 制定方案

创新设计小组根据以上信息，结合多学科知识，提出产品的设计或改进方案（如表7-2所示）。

表7-2 产品设计方案

序号	新增功能	成本估算
方案1	增加照明功能	35元
方案2	方案1基础上增加红色闪光灯和蜂鸣器	50元
方案3	方案2基础上增加定位报警功能	200元
方案4	方案3基础上增加座椅	250元

5. 优选方案

同学们对设计方案和反馈信息进行了讨论，一致认为方案4增加座椅没有必要，一来其使用价值不大，二来这样会增加重量，不利于老年人出行。同时他们对方案3也提出了不同意见，主要分歧在于：

①定位报警要与公安部门信息系统联系，增加了制作的难度；

②成本较高。

经过充分讨论，大家一致决定采用方案2进行制作。

6. 分工制作

手杖结构如图7-1所示，手杖全长100 cm，前部握柄长14 cm，后部握柄长20 cm。其中，前部握柄的直径为4.5 cm，装有包含了电池、照明灯、红色闪光灯和蜂鸣器的电路，电路通过开关控制。手杖杖身处的红色闪光灯的导线通过钻孔埋线。

图 7-1 方案 2 的示意图

电路图如图 7-2 所示。

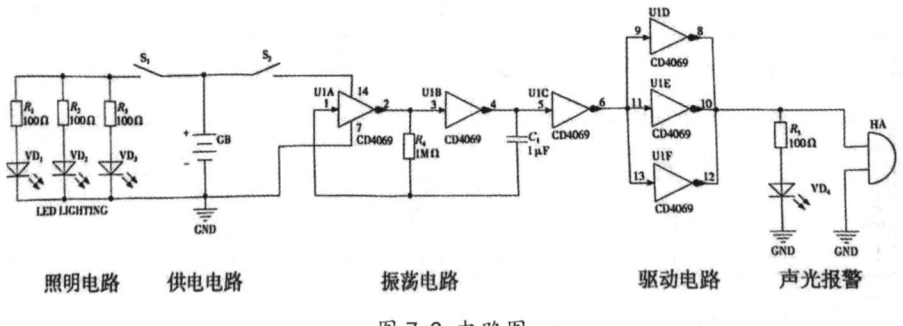

图 7-2 电路图

其中,照明与报警电路共用一组电源,分别由开关 S_1 和 S_2 控制关断。照明电路采用 VD_1、VD_2、VD_3（均为 1W LED）实现,R_1、R_2、R_3 为限流电阻。CD4069 六反相器的 U1A、U1B、R_4、C_1 实现方波信号的产生,U1C 实现方波信号的整形,U1D、U1E、U1F 采取反相器并联增大驱动能力以驱动 VD_4（采用红光 LED）和蜂鸣器 HA。

CD4069 的 U1A、U1B、R_4、C_1 为一个多谐振荡器的电路。电路刚接通电源时,电容 C_1 尚未充电,电路的初始状态为:引脚 1 为低电平,引脚 2、3 为高电平,引脚 4、5 为低电平。引脚 2、3 高电平通过电阻 R_4 向电容 C_1 开始充电。当电容充到反相器的输入高电平阈值时,电路的电平状态翻转为:引脚 1 为高电平,引脚 2、3 为低电平,引脚 4、5 为高电平。引脚 2、

3 为低电平时，电容 C_1 通过电阻 R_4 开始放电，引脚 1 的电压开始慢慢降低，当降低到低于反相器的输入低电平阈值时，电路的电平状态翻转为：引脚 1 为低电平，引脚 2、3 为高电平，引脚 4、5 为低电平。方波的振荡周期可用 $T \approx 2.2R_4 \times C_1$ 来计算。

7. 试用检测

制作完成后，同学们将产品分发给几位老年人试用。经过几天试用，发现产品在多数情况下很好使用，但下雨天不防水，有可能会造成电路故障。

8. 优化改进

经过大家共同努力，在电路部分增加了防水装置，通过密封条进行密封，圆满解决了问题。

四、案例研究与实践：《古诗词诵读》单元教学方案

1. 项目背景

在当前的教育环境中，研学旅行作为一种重要的教育形式，越来越受到学校和家长的重视。它不仅能够让学生在实践中学习知识，还能培养他们的独立性和团队协作能力。然而，研学旅行中的安全管理一直是学校和家长关注的焦点。为了提高研学旅行的安全性，确保学生在旅行中的安全，青少年研学旅行人员清点及离队预警系统应运而生。教学目标如下：

朗诵技巧：学生能够正确、流畅、有感情地朗诵古诗词。

意境理解：学生能够理解古诗词的创作背景和诗歌意境。

情感表达：学生能够表达对古诗词情感的理解和体验。

创造力培养：学生能够创作自己的诗歌，展现创造力。

2. 教学实施

人员清点：在活动开始前，教师通过点名或使用电子考勤系统对学生进行清点，确保所有学生都参与到活动中。

3. 诗歌朗诵

技巧指导：教师首先对学生进行朗诵技巧的指导，包括语音、语调、节奏等。

示范朗诵：教师挑选几首古诗词进行示范朗诵，展示如何表达诗歌的

情感和意境。

　　学生练习：学生在小组内练习朗诵，并进行小组间的交流和学习。

4. 创作背景介绍

　　背景讲解：教师为学生讲解古诗词的创作背景，帮助学生更好地理解诗歌内容。

　　互动讨论：学生分组讨论诗歌的创作背景，分享自己的理解和感受。

5. 情感体验

　　情感引导：教师引导学生体验诗歌中的情感，鼓励学生将自己的感受融入朗诵中。

　　角色扮演：学生通过角色扮演的方式，深入体验诗歌中的情感和意境。

6. 创作自己的诗歌

　　创作指导：教师指导学生如何创作诗歌，包括选材、构思、表达等。

　　创作实践：学生尝试创作自己的诗歌，并在班级内进行分享。

7. 评估方式

　　（1）朗诵技巧评估。

　　准确性：评估学生朗诵的准确性，包括发音、节奏等。

　　表达性：评估学生是否能够有感情地朗诵，表达出诗歌的情感和意境。

　　（2）意境理解评估。

　　理解程度：评估学生对诗歌创作背景和意境的理解程度。

　　表达能力：评估学生是否能够清晰地表达自己对诗歌意境的理解。

　　（3）情感体验评估。

　　情感投入：评估学生在朗诵和创作过程中的情感投入。

　　情感表达：评估学生是否能够准确地表达诗歌中的情感。

　　（4）创造力评估。

　　原创性：评估学生创作的诗歌是否具有原创性。

　　创意表达：评估学生在创作中展现的创意和想象力。

8. 反思与启示

　　朗诵技巧的重要性：通过朗诵技巧的训练，学生能够更好地理解和欣赏古诗词。

意境理解的深度： 深入理解诗歌意境，有助于提升学生的文学素养和审美能力。

情感体验的真诚性： 真诚的情感体验能够增强学生对诗歌的共鸣。

创造力的培养： 鼓励学生创作自己的诗歌，有助于培养他们的创造力和想象力。

通过本单元的学习，学生不仅能够提高自己的文学素养，还能够培养自己的审美情趣和创造力，为他们的全面发展打下坚实的基础。

第六节　灵创课堂的语文阅读

灵创课堂模式下语文阅读教学始终坚持："以学生认知规律为线索，准确把握学生的学习情况，活用教材、活用教学方法、激活课堂气氛，指导和帮助学生自主学习，使学生在课堂上表现得活泼、不呆板、富于变化"的教学理念，并且将这种理念贯彻到每节阅读课中。

从整体上而言，灵创课堂模式分为三个学习中心，即互学——互助——互展。学生的学习思路整体分为"自学、互学、展学"三个流程。自学指学生主动思考，自主学习，注重培养学生独立学习的能力；互学指交流互动，即学生学习的互享和互助学习。学生在生生互助、师生互助中，不断交流彼此的思想和想法；在同桌分享、小组分享、自由分享和全班分享中生成心动，影响学生的认知；展学即学生展示学习成果，收获内心的感动。学生可利用课余时间或周末时间准备展示的内容，比如完成一次亲子阅读、完成模仿名画的展示。

整个过程中，学生的思维方式就是：独立思考——寻求帮助——交流分享——自主总结，形成一个循环的思维模式。

本模式教学环节如图 7-3 所示：

图 7-3 灵创课堂阅读环节

灵创课堂模式下语文阅读教学，学生的学习分为三个阶段，分别是主动思考，自主阅读——互动交流，交互阅读——生动分享，展示阅读，学生们在课堂上主动思考、互动交流、生动地分享，最终生成心动。这样的阅读学习过程是符合学生学习规律的，是符合语文课程标准要求的。

如李伟娟老师在语文阅读教学中让学生主动思考，自主阅读。

一、主动思考，自主阅读

主动思考，自主阅读，这是一个学生必须具备的能力。"自学"，即学生自主独立地学习，学生在教师搭建的预习支架下自主地搜集整理知识，独立地思考和探究文本。在时间充足的情况下，教师可将自学安排在课堂上进行，便于监督学生的自学过程。

众所周知，21 世纪的社会是学习型社会，是倡导终身教育的社会。随着现代社会的发展，新的知识不断涌现，我们要学的知识几乎是成倍增长的，在这样的背景下，一个人的自主学习能力显得尤为重要，一个人能否独立自主地学习，是否具备学习能力，都与他日后的发展密不可分。灵创课堂模式下初中语文阅读教学强调教师在课堂上对学生的关注及学生在课堂上的参与度。学生自主阅读的效果如何，自主阅读的方式方法如何，都是语文教师重点了解的内容。

第一，最重要的，也是效率最高的"自学"方式，就是课堂上教师通过搭建学习支架，引导学生主动思考、自主阅读。

第二，"自学"并不仅限于课堂上，更多时候是在课下甚至是在学生的家里。为了帮助学生更好地主动思考、自主阅读，语文教师与家长合作，培养学生的阅读习惯。

1. 制订计划，激发内在阅读动机

学生能够自学，能够自主学习，能够主动思考的前提之一是具有足够明确的学习动机，并且是内在的学习动机，比如想要提高自己的阅读能力、想要学习新的阅读知识等。有些学生不爱阅读，轻视阅读，没有想学好阅读的动力，针对这一类学生，家长和教师应该合力帮助学生，激发其学习阅读的内在动机。

帮助学生规划自己的学习，教师和家长共同监督。阅读计划可长可短，长至一学期、一学年、一整个初中，短至一个月甚至一周、一天。学生给自己的计划要结合自身实际，要合理，并且要对自己有相应的惩罚，假如没完成任务会有什么后果，都要明确、精确。教师和家长可以给学生开阅读书单，给学生推荐好书好文，给学生建议如何读文章，并且及时询问计划进度和计划实践的效果，与学生讨论文章内容、分析文章内涵，这种软性的监督更能让学生落实自己的规划。

帮助学生增强学习责任感，让学生明白阅读是自己必须完成的事，阅读也是自己必须做的任务，阅读能力是自己必须具备的能力，要对自己有责任感，对自己的语文学习负责，不能看轻语文的学习。引导学生思考"我阅读时是怎么样做的，我还可以怎么样做"一类的问题，辨明自己学习的优缺点及进步空间；寻找自己的榜样，向榜样学习，向榜样靠近，成为更好的自己；为自己制订一个短期阅读计划，定下一些短期阅读目标，一步一步地靠近最终的目标，极大地增强学生的自信心。唯有激发学生阅读的内在动机，才能真正让学生做到主动思考、主动阅读，主动学习。

2. 家校合作，设计有效阅读活动

亲子阅读。家长和孩子读一本书，可以是同时读，也可以在不同的时间独自阅读。亲子阅读不仅仅是简单的阅读，在这个过程中，不仅仅是家长检查学生是否在认真阅读，也是学生对家长阅读习惯的模仿、监督。读完一本书之后，家长可以和孩子共同交流探讨书中的内容，双方交流愉快，将激发学生的阅读兴趣。

比如，李老师在设计这个"自学"环节的时候，就将每周课前 10 分钟阅读分享展示融入其中，学生可随意挑选自己感兴趣的书籍与家长一起观看，并且录像或拍照，上传到钉钉学习群上。据此，语文教师可以了解学生的阅读兴趣，以及学生家里的阅读氛围，有针对性地与家长合作。

亲子阅读游戏。通过亲子互动游戏，增进对书中内容的理解。比如，学生和家长一起读了《红星照耀中国》这本书，可以在探讨讨论的基础上，对书中的一些故事情节进行演绎，不要求演绎的还原度有多高，只是在这个过程中学生对书中内容的理解会更进一步。

及时进行阅读反馈。家长和学生互相评价，评价双方在阅读过程中存在的一些良好的习惯及一些不好的习惯，互相监督。

二、互动交流，交互阅读

学生有了一定的预习基础之后，教师再组织开展互学活动。互学可以是师生之间的交流，也可以是生生之间的交流，可以是课堂上的讨论交流，也可以是课下的互帮互助。要组织互学活动，教师就要设计一个可供全班思考交流的阅读问题，这个问题可以是教师提出来的，也可以是学生自己提出来的，大家一起讨论，畅所欲言。

首先，"互学"最常见的就是阅读课堂上的随机提问，学生随机展开讨论。

比如，该教师在学生自主阅读诗歌并勾画之后，紧接着设计了一个互学环节：

两两一组，互相交流，每一句诗都要阐释。（10分钟）

学生在这个环节中，与同伴共品一句诗，与同伴进行思维交流，共同分析诗中的情感。在这个过程中，学生之间的思维不断碰撞，教师再适时点拨，促进学生认知的升华。在这个过程中，教师设计两个学生为一组，两个学生的思维互补，学生可以更好地观察对方的阅读习惯，学习对方阅读时的好方法。

小组交流的过程中，教师在学生思考一定时间之后进行巡视指点，观察每个学生的交流状态和交流结果，甚至可以与学生们一起交流，对学生们的思考方向进行引导。并且给学生留足了思考时间，部分语文教师为了追求教学过程的完整，即初步感知、重点研读……一套流程，每一个流程花的时间就特别少，学生这里还没反应过来，就进入下一个环节了，教学过程倒是完整了，但是学习过程并不完整。语文教师在进行语文阅读教学时，应做到"教学不完整"，抓住重点，设计主问题，每一个部分都给学生留足思考的时间，学生的自主思考很可能成为后续教学的资源。

其次，为了保证互学环节的有效性，促进学生思维的发散，教师往往还要在以下几个方面下功夫。

1. 生生阅读，刺激学生个性解读

灵创课堂模式下初中语文阅读教学特别注重学生之间的交流互动，学生在同学面前畅所欲言，最能够体现出其学习的效果，而生生之间的交流互动，最重要的一个途径就是小组讨论。

教师根据学习情况划分一个个学习小组。教师在分组时，要考虑不同学生的阅读基础，考虑不同学生的个性特点，是否敢于发言等，比如阅读能力强的学生和阅读能力有待提升的学生搭档，互相帮助，互相讨论。每个小组的成员不宜过多，2~3人即可，以保证每个学生都有足够的思考时间和足够的发言表达机会。小组成员可定期调换，这样，加深学生之间了解的同时，也让好的阅读方法被更多学生所知。

教师还可设计多个主题阅读活动。根据教材或者教学目标，设置主题阅读，交流的话题不交叉。这些阅读主题，可以从课上阅读文章延伸而来，也可从教师给学生们推荐阅读的书中得来，倒逼学生仔细阅读文章。每个人或者每个小组可选择不同的阅读主题，丰富学生的阅读面，提升学生的阅读积累量，并且定期询问学生的阅读进度，阅读感受，随时关心学生的阅读计划，以此保障学生有足够的阅读量来支撑他多角度、全方面地思考文章并与老师交流。

2. 师生阅读，深度交流阅读体验

师生之间的互动是指教师与学生在平等、民主的基础上，通过对话与交流等方式，互相影响、互相作用。灵创课堂模式下初中语文阅读教学追求的师生互动是灵创的，而非假性的形式上的互动，不追求课堂上教师的提问数量和学生回答问题的情况，而追求课堂上教师提问的质量和学生通过回答问题在思维品质、个性等方面发生的由内而外的变化。阅读课上的互动，师生围绕着课内课外的文章讨论交流，以引起双方对文章的认识变化，最重要的是，通过师生互动，帮助学生理解文章，多角度阅读文章，个性化解读文章。

教师要转变角色观念，要认识到学生才是学习活动的主体，学生是课堂的主角。"一千个读者有一千个哈姆雷特"，学生都是独立的有不同阅读经验的人，所以阅读体验也不会一致，学生难免在课堂上提出与教师教学设计无关的问题。教师的感受不能作为课堂的主导感受，教师作为教学活动的组织者和引导者，应该注重学生的独特感受，积极与学生交流互动，及时调整预设的教学过程，将这种独特的感受转化为学生珍贵的阅读经验。

三、生动分享，展示阅读

学生读完一本书，不能马上就换另一本书，应该要学会把书中的内容及背后深层次的意蕴内化为自己的阅读成果，提升阅读成效。读完一本书，读完一篇文章，学生都应该积极地转化自己的语文阅读教学成果。学生交流互动之后，将小组讨论或自主学习的成果向老师、同学展示，即验收成果的一个环节。

灵创课堂模式下语文阅读教学注重三个思维单元"问题—思考—分享"，以问题为导向，学生自主独立思考、交流互动，以分享为载体，将个人阅读感受转化为师生共同的阅读感受。分享思维过程、分享探究结果，在分享中体会收获的喜悦，在分享中产生新的探究问题。

首先，是学生在课堂上的随机分享。例如，该教师在学生互相交流之后，引导学生进行展学分享。

学生分享自己从诗中哪个地方看出孤寂、伤感的。（20分钟）

生1：东皋薄暮望，徙倚欲何依。从"何依"，可以看出他没有依靠，非常的伤感。

（师：这是从直接表情达意的关键词中看出来的）

生2：东皋薄暮望，徙倚欲何依。树树皆秋色，山山唯落晖。我觉得可以抓注释"东皋""暮"，抓象征性的意象"秋色""落晖"，这些都体现出了凄凉伤感。

师：把颈联和颔联连起来读一下，还有哪些意象。

生："牧人""猎马""落晖"，这些意象再加上"秋色"，带给人的感觉不是凄凉的。下一句相顾无相识，长歌怀采薇，更是一种凄凉。

师：这就是用乐景衬哀情，这是从手法的角度来赏析诗歌。这首诗歌除了这个手法，还有哪里有手法？

生："采薇"引用，用典，"隐居不仕"也是一种无奈和孤寂。

师：还有哪里没关注到，标题"野望"。

所以，可以从直接表情达意的关键词、注释、意象、手法、标题来体会诗歌的情感。

……

其次，除了课上的随机分享，教师也会安排学生定期进行阅读的展示分享，在这些环节中，往往要注意以下几点：

1. 规则保证，定期定时有序分享

按照主题顺序分享。教师安排的阅读主题应该有一定的共同点，比如都是动物小说，都是科幻小说等同类小说，或者说都是同一个作者的作品等。要求按照先后顺序进行分享。

简单介绍书中内容，重点分享阅读感受，激发同学阅读兴趣。学生读完一本书后，简单地对书中内容做一个介绍，既是对学生阅读情况的检验，也训练了学生的阅读概括能力。但阅读不应该止于读，更重要的是学生阅读之后的所思所想所得。教师引导学生分享阅读感受，当学生看到一段令他惊奇的文字，可以分享给同学们，当他对书中某处情节有特别的感悟也可分享出来，当他对书中某个人物有特殊的看法时更应该与同学、老师交流，这既是阅读的升华，也可以激发其他未阅读此本书同学的阅读兴趣。

按照举手顺序分享。灵创课堂模式下初中语文阅读教学提倡问题由学生自己提出，学生在自学过程中或者在课堂中只要主动思考之后，一定有不明白的地方，这时候就需要主动举手与老师分享自己的问题。学生在分享自己的问题的时候，需要逻辑清晰，把自己发现问题的过程，自己为解决这个问题查阅的资料及自己的问题阐释清楚，老师在课堂上是否讲到了这个问题，是否听懂，还有什么疑惑等，都是学生在分享的过程中需要讲明白的。

2. 主动参与，自愿自觉自主分享

每个小组都要发言分享，每个组员每次讨论之后轮流发言，保证同学们享有平等的分享机会，并且每个组发言之前要对其他组的发言进行点评，情节概括是否清晰、感受分享是否有条有理等都是可以点评的地方。再由大家共同推选出此次分享最棒的同学，并进行个人积分，积分用于换取文具。最后由教师对此次分享进行点评，并在学生分享的基础上升华，丰富学生对世界的认知，引导学生学会阅读。

例如学生在李老师的组织下，每周至少进行两次课前十分钟分享，学生们在课堂上对自己近期读的书进行分享。第一个学生分享的主题是"如何打败拖延症"，分享一开始，这位同学就从平日里对大家的观察证明了拖延症普遍存在的现状，紧接着她又结合书中的内容，比如拖延症的分类、拖延症的表现给同学们分享了如何打败拖延症。之后还有学生分享徐若央的《枕上诗书》，带着同学们一起读诗，诗词歌赋对于一些学生来说，可能是比较难懂的，也是不想去读的，这位同学从小爱读诗、爱看诗，她结合书中的诗词及其背后的故事，吸引了大家的注意力，大家这才知道，每一首诗歌后面都有一个美丽动人的故事。

每一次分享结束之后，语文教师会对学生们的分享话题或者分享的书籍进行总结，委婉地纠正一些错误的言论，鼓励学生在学校的自由书吧看书，激起学生们的阅读兴趣。

整个分享过程，语文教师是没有强迫学生的，都是学生自愿报名、自己写分享稿、自己做 PPT 分享，大家争先恐后地报名，也正证明这个过程是学生十分愿意参加的，是有兴趣的。语文教师秉承"带着学生走向语文"的教育信仰，关注了学生综合能力的提升和高阶思维的发展。

3. 生动分享对教师的要求

新课程要求教师重视学生独特的阅读体验和感悟，重视学生的个性化阅读，在互享互助互展中，学生表达自己的阅读体验和感悟，教师应该予以重视并正确引导。

教师扩大阅读面。个性化阅读是指学生在阅读文章过程中从多角度、多层次获得的独特体验和感悟。学生独特的阅读体验是珍贵的，教师可以在教学中利用这些个性化阅读经验设计教学。但由于教师的阅历、生活方式及与学生的年龄差距，阅读兴趣爱好都与学生不尽相同，看过的书也必然有很大的不同，学生现在在读的一些书，教师也许都没了解过。学生的阅读体悟是个性阅读经验和生活经验的反映，学生抛出的问题，教师必须有所了解，才能回答并正确指导，这就要求教师在业余时间扩大自己的阅读面，在熟读经典作品的同时，广泛涉猎当今的新作品，对其他与人类文化历史相关的书籍和知识都要从多方面去及时了解，以保证自己的阅读量在学生之上，阅读深度在学生之上。唯有如此，语文教师的阅读课才会是学生喜欢的课，语文教师才会成为学生喜欢的教师。

帮助学生增加阅读量。阅读教学的主体是学生，最终的落脚点始终要落在学生身上。学生阅读量的提升才是阅读素养提升的基础。教师要对学生的阅读进行合理引导，在课堂上调动学生阅读的兴趣，推荐好书，在教室文化中营造良好的阅读氛围。

合理对待学生的个性体悟。学生的阅读体验和感悟都是学生宝贵的阅读感受，教师应引导学生表达自己的体验和感悟，并且与同桌分享讨论，与老师交流。教师对学生独特的阅读体验和感悟应该予以回应，不应该无视或直接否定学生的感悟。在面对与常见的阅读感受有所不同的感受时，运用教育机智，合理地回应学生；面对与社会主义核心价值观倡导的价值观有所不同时，也应该慢慢引导学生回到正确的价值观上来。

四、教学特点

灵创课堂教学模式的主要特点是教师运用多样灵活的教学方法，营造生动活泼的课堂氛围，引导充满活力与求知欲的学生不断反思、不断生成新的思维活跃点。

整个课堂，以学生和教师之间的"互享、互助"为中心，学生的"自学、互学、展学"为线索，整个过程学生主动思考、交流互动，在生生互助、师生互助的生动点拨下，收获感动、生成心动。不同于传统课堂，灵创课堂模式偏重于课堂的"灵活、生动"，使学生心灵受到触动，有以下三个特点：

1. 强调预习先行的学习原则

灵创课堂模式，教师坚持以学促教。学生是学习的主体，教师在教学之前充分了解学生的最近发展区，读学生爱读的书，了解学生的心理，做到和学生有话可说。教师要坚持从真正的学情出发，合理利用学生资源，设计整个教学过程。在课堂上以学生学习的状态及学生的有效生成为基础，灵活调整教学计划，灵活运用教学手段，使整个过程中学生的学习始终处于中心位置，自始至终都贯彻让学生"自主、合作、探究"学习的原则。这样的教学方式是真正以学生的学为基础的教，学生在这样的过程中能真真切切地参与课堂，在与同学之间、与教师之间的互动中产生思维的碰撞，使思维更加深入。

学生在真正进入课堂之前就必须自主预习，并完成教师布置的明确而具体的预习任务。学生在自己能力范围内浏览课文、识记生词、理解大意，甚至是揣摩写法。自己得来的知识，是自己探寻思考之后得来的，总是要比教师直接传授的知识记得牢、记得深。

学生在自主学习之后，遇到问题，可以在课下私下问同学和老师，生生之间、师生之间，互相讨论交流，教师通过学生间的问题设计教学"引爆点"，用学生感兴趣的话题激发学生的兴趣，促进课堂的有效生成。不仅仅是在课下讨论交流，在课上教师仍然可以组织学生讨论交流，多次的交流讨论，恰到好处的点拨，才能促进学生思考的深入。

学生自主阅读、自主学习之后，教师可以安排学生展示交流自己的阅读成果，学生干部组织展示并记录，提高学生参与的积极性。学生的展示交流不仅可以提高学生自主学习的认真程度，还能促进其他学生学习的积极性。

2. 设计动态灵活的学习过程

灵创课堂模式强调灵活、不呆板，强调学生的认知规律和学生的认知水平，一切以学生能力水平的提升为目标。教学过程中真正做到以学生的思维活动为线索，灵活变换预设的教学过程或教学支架，整个学习过程让学生觉得连贯而流畅。

灵创课堂模式，学生的心随课动。教师在课堂上，设计主问题，串联起一个个支问题，营造轻松自由的学习氛围，引导学生在这个过程中自主学习。学生的思维在教师的引导下，一步步地走向深处，形成自己独特的感悟。学生在课堂上并不是盲目跟着教师的思路走的，学生在课堂上不停地思考教师讲的内容，不停地分析课文中的情感、结构及语言，唯有教师的分析与学生的认知一致时，学生的思考才能更加深入，认知才能更加清晰。

学生可以从书中学习，也可以同伴之间合作学习。一个人的认知毕竟是有限的，合作学习最大的好处就是学生在和同伴的交流中，更容易共同去探索课文，互相补充。这时，思维的碰撞才能生成更多的资源，教师有效利用这种课堂生成，促进教学的有效和有趣。

学生在课堂上能够感受到自己是课堂上的主体，能够体会到自己是受尊重和关注的。学生不会因为怕自己说错而不敢说，在这样的课堂上，学生积极举手、大胆发言，课堂不再是一言堂，而是多方思想的交锋。

3. 培养深入发散的学习思维

苏联教育家赞可夫研究证明：培养学生的学习思维能够提高学生的学习效率，更好地达成学习目标。要知道，一个人的知识可能会被遗忘，但如果他学习思维深入而发散，善于思考，有学习的能力，是完全可以找回被遗忘的知识的。

叶圣陶先生曾说过："教是为了不教"，学生学习思维品质的培养，学习能力的培养才是教育的目的。灵创课堂模式尊重学生的天性，在学生生理和心理特点的基础上因势利导地制订学习计划。

在"自学"即预习的环节中，学生根据教师设定的预习方案预习，学生完成一个个预习的任务的同时，也完成了自学的过程。之后，学生可从预习方法中知道如何自主学习，该从哪些方面去思考，该从哪些方面去预习，初步培养了阅读思维。

在"互学"即合作学习、探究学习的环节中，学生与学生之间，学生与教师之间的交流互动增加，思维碰撞交锋，学生的大脑飞速运转。在这个过程中，学生之间的思维方式互相影响，不断向下延伸思维深度，不断向前延伸思维广度。

在"展学"即分享学习的环节中，学习成果的多样展示，是学生思维方式不断完善的过程。学生的展示发言，必然是要在课下做许多准备的，自己要搜集资料、整理资料、总结分析、组织语言等。上台发言展示的过程中学生和教师为其指出可改进之处，帮助其完善学习成果。在这个过程中，学生学会了如何学习，如何处理问题，以及如何表达观点。

第八章　挑战与展望

在教育领域，创造力的培养一直是一个复杂而多维的议题。本书旨在探索和阐述如何在课堂教学中有效地培养学生的创造力。然而，将这一目标转化为实际可行的教学策略和实践，作者面临着一系列挑战。本章将探讨这些挑战，并提出相应的对策。

第一节　挑战分析

一、理论与实践的鸿沟

在教育领域，理论与实践之间存在着一道难以逾越的鸿沟。这道鸿沟不仅阻碍了教育理论在实际教学中的应用，也限制了教学实践对理论的反馈和促进作用。在本书中，作者试图弥合这一鸿沟，将创造力培养的理论转化为可行的教学策略。以下是对这一挑战的深入分析和应对策略。

1. 理论的普适性与特定教学环境的匹配问题

霍华德·加德纳的多元智能理论提出，人类具有多种不同类型的智能，包括语言智能、逻辑数学智能、空间智能、身体运动智能、音乐智能、人际智能、内省智能、自然观察智能等。这一理论在教育领域被广泛接受，并被建议应用于教学实践中，以满足不同学生的需求。

多元智能理论的普适性在于它提供了一种理解学生多样性的框架，并鼓励教师采用多样化的教学方法来适应不同学生的智能类型。

教育理论通常是基于一定假设和简化的模型构建的，它们往往忽略了现实中教学环境的复杂性和多样性。当教师试图将这些理论应用到具体的教学情境中时，可能会发现理论与实际并不匹配，难以直接应用。

2. 特定教学环境的挑战

例子一：资源有限的乡村学校

在资源有限的乡村学校，可能缺乏实施多元智能教学所需的材料和设施。例如，学校可能没有足够的音乐设备来支持音乐智能的发展，或者没有宽敞的空间来支持身体运动智能的活动。

对策：创新解决方案

教师可以利用当地资源，如自然材料或社区场所，来设计教学活动。例如，利用户外空间进行音乐和戏剧活动，或者通过社区服务项目来培养学生的人际智能。

例子二：城市高中的快班和慢班

在一些城市高中，学生可能被分为快班和慢班。多元智能理论强调每个学生都有其独特的智能组合，但这种分班制度可能忽视了学生在某些非传统学术领域的潜力。

对策：混合能力的教学

教师可以在班级内实施混合能力的教学策略，通过小组合作项目和多元评估方法，让所有学生都有机会展示他们的各种智能。

例子三：特殊教育需求

对于有特殊教育需求的学生，如自闭症谱系障碍或注意力缺陷多动障碍（ADHD）的学生，传统的教学方法可能不适用。

对策：个性化教学计划

教师可以与特殊教育专家合作，为这些学生制订个性化的教学计划，利用他们的特定智能优势，同时提供额外的支持。

通过这些例子，我们可以看到，尽管多元智能理论提供了一个强大的框架，但在特定的教学环境中应用时可能会遇到挑战。教师需要创造性地调整理论，以适应他们的特定环境和学生的需求。这种灵活性和创新性是实现理论与实践有效结合的关键。

3. 教师对理论的接受度和应用能力

建构主义理论认为知识是通过学习者主动构建而非被动接受的。学习环境应鼓励学生通过探索、实验和问题解决来构建知识。这一理论在教育领域被广泛推崇，因为它强调学生的主体性和个性化学习路径。

建构主义理论的普适性在于它支持以学生为中心的教学方法，鼓励教师创造一个有利于学生主动学习和思考的环境。

教师是理论与实践结合的关键执行者。然而，并非所有教师都对理论有足够的了解，或者具备将理论应用到实践的能力。教师可能缺乏必要的培训，或者对理论的有效性持怀疑态度。

例子一：传统教育背景的教师

在传统教育体系中培养的教师可能习惯于讲授法和应试教育，对于建构主义理论的接受度可能不高。他们可能对这种新的教学方法感到陌生和不安。

对策：专业发展和培训

提供专业发展研讨会和工作坊，帮助这些教师理解建构主义的基本原理和实践方法。通过观摩示范课和实践指导，增强他们的应用能力。

例子二：资源限制

即使教师对建构主义理论持开放态度，学校可能缺乏实施该理论所需的资源，如多样化的教学材料、技术支持和时间。

对策：创造性资源整合

教师可以利用免费在线资源、社区资源和同伴合作来弥补资源的不足。例如，通过项目式学习，让学生在解决实际问题的过程中学习知识。

例子三：评估挑战

建构主义倡导的过程性和表现性评估可能与传统的标准化测试不符，教师可能缺乏实施这些评估方法的经验和信心。

对策：评估方法创新

教师可以学习如何设计和实施过程性评估，如项目评估、同伴评价和自我评价。学校可以提供评估工具和策略的培训。

例子四：学生和家长的期望

在一些情况下，学生和家长可能期望传统的教学和评估方法，这可能影响教师采用建构主义教学策略的意愿。

对策：沟通和教育

教师需要与学生和家长沟通建构主义教学的好处，并通过学生的进步和成果来证明这些方法的有效性。

通过这些例子，我们可以看到，教师对建构主义理论的接受度和应用能力受到多种因素的影响。为了克服这些挑战，教师需要持续的专业发展和支持，以及创造性地整合资源和评估方法。通过这些努力，教师可以更有效地将建构主义理论应用于实际教学中，从而提高教学质量和学生的学术成就。

4. 理论与实践的脱节

理论与实践的脱节是指教育理论在实际教学应用中存在的差距。这种差距可能是由于理论的超前性、实践的滞后性，或是理论与实践之间的沟通不畅造成的。以下例子将说明这种脱节的具体情况。

例子一：探究式学习法

理论描述：

探究式学习法是一种以学生为中心的教学方法，鼓励学生通过提问、探索和研究来构建知识。理论认为这种方法能够激发学生的好奇心和批判性思维。

实践挑战：

在实际教学中，教师可能发现由于班级规模过大，难以为每个学生提供足够的时间和资源进行深入探究。此外，教师可能缺乏指导学生进行探究的经验和技巧。

脱节原因：

理论未充分考虑实际教学环境的限制。

教师专业发展不足，缺乏实施探究式学习法的培训。

例子二：差异化教学

理论描述：

差异化教学理论强调根据学生的个体差异（如学习风格、兴趣和能力水平）来调整教学方法和材料。

实践挑战：

在资源有限的学校，教师可能难以为每个学生提供定制化的教学计划和材料。此外，教师可能没有足够的时间来评估每个学生的需求并制定个性化的教学策略。

脱节原因：

理论对教学资源的要求与学校实际情况不符。

实践中缺乏有效的差异化教学工具和策略。

例子三：**技术整合教学**

理论描述：

教育技术理论提倡将信息技术融入教学中，以提高教学效率和学生的学习动机。

实践挑战：

在一些学校，尤其是农村或偏远地区，可能缺乏必要的硬件设施和互联网连接。即使在技术条件较好的学校，教师也可能缺乏将技术有效整合到课程中的知识。

脱节原因：

· 理论假设所有学校都有访问现代技术的条件。

· 教师的专业发展没有跟上技术的发展速度。

例子四：**情感教育**

理论描述：

情感教育理论认为，学生的情感和社交技能对于他们的整体发展至关重要，应当在教学中予以重视。

实践挑战：

在以考试成绩为导向的教育体系中，教师可能更关注学术成绩，而忽视情感教育的重要性。此外，教师可能没有接受过情感教育方面的培训，不知道如何将情感教育融入日常教学中。

脱节原因：
教育评估体系未能充分体现情感教育的价值。
教师缺乏情感教育的知识和技能。

5. 对策建议

加强教师培训： 提供持续的专业发展机会，帮助教师了解和实施现代教育理论。

调整理论指导： 教育理论家应与一线教师合作，确保理论建议考虑实际教学环境的限制。

改进评估体系： 建立一个更全面的教育评估体系，包括对学生情感、社交和创新能力的评估。

增加教育资源： 政府和学校应投资于教育技术和其他资源，以支持教师实施现代教学方法。

理论与实践的脱节是一个复杂的问题，需要教育理论家、政策制定者和一线教师共同努力来解决。通过加强沟通、提供专业发展和改善教学环境，可以逐步缩小理论与实践之间的差距，提高教育质量。

6. 挑战分析

在教育领域，评估和反馈机制是提高教学质量和学生学习成效的关键。然而，在实施《灵创课堂与创造力培养》的过程中，评估和反馈机制的缺失成为一个显著的挑战。这种缺失不仅影响了教师对学生学习进展的了解，也影响了学生对自己学习状态的认识。以下是对这一挑战的具体分析和例子。

（1）评估工具的不足。

在许多教育环境中，评估工具往往侧重于量化的考试成绩，而忽视了对学生创造力、批判性思维和解决问题能力的评估。这种单一的评估方式无法全面反映学生的综合能力。

（2）反馈的及时性。

即使存在评估机制，反馈的及时性也是一个问题。在大型班级或资源紧张的学校中，教师可能需要很长时间才能提供对学生作业的反馈，这会降低反馈的有效性。

（3）缺乏形成性评估。

形成性评估是一种持续的评估过程，旨在提供及时的反馈，帮助学生了解自己的学习进度和需要改进的地方。然而，在实践中，许多教师仍然依赖于总结性评估，这通常在课程结束时进行，不利于学生的学习过程。

①具体例子。

例子一：艺术课堂的评估挑战

在一所中学的艺术课堂上，教师试图通过一系列创新的艺术项目来培养学生的创造力。然而，学校评估体系仍然侧重于传统的绘画技能考核，忽视了学生在创新项目中展现的创造力和想象力。

对策：教师可以设计一个包含多维度评估的体系，如同伴评价、自我评价和过程日志，以更全面地评估学生的创造力。

例子二：科学实验课的反馈延迟

在一所高中的科学实验课上，学生需要进行为期一个月的实验项目。但由于教师工作量过大，他们往往在项目结束几周后才能提供反馈，这使得学生难以及时了解自己的进步和不足。

对策：教师可以采用分阶段评估和反馈的方法，例如在项目的各个阶段设置检查点，并提供即时反馈。

例子三：数学课堂的形成性评估缺失

在一所小学的数学课堂上，教师主要通过期末考试来评估学生的学习成果，而忽视了形成性评估的重要性。学生在整个学期中缺乏对自己学习进度的了解，导致他们在考试前感到焦虑和不知所措。

②对策建议。

开发多元化评估工具： 设计包含不同类型和形式的评估工具，如项目作业、口头报告、同伴评价和自我评价，以全面评估学生的创造力和其他技能。

提高反馈的及时性： 通过分阶段评估、定期检查和即时反馈，确保学生能够及时了解自己的学习进展。

强化形成性评估： 在日常教学中融入形成性评估，提供持续的反馈和支持，帮助学生不断改进和提高。

教师培训和支持：为教师提供培训，帮助他们掌握多元化评估和反馈的技能，并提供必要的支持，如评估工具和资源。

③结论。

评估和反馈机制的缺失是《灵创课堂与创造力培养》实施过程中的一个关键挑战。通过开发多元化的评估工具、提高反馈的及时性和强化形成性评估，可以有效地应对这一挑战。这不仅能够提高教学质量，还能够促进学生的全面发展。

④应对策略。

为了使《灵创课堂与创造力培养》中的理论能够真正服务于教学实践，必须采取一系列策略来弥合理论与实践之间的鸿沟。这些策略需要考虑到教师的接受度、学生的学习需求、学校的资源条件及教育政策的支持。通过这些策略的实施，可以提高教师对理论的理解和应用能力，使理论更加贴近实际，从而在教学中发挥更大的作用。

策略一：案例驱动的教学设计

案例研究是连接理论与实践的桥梁。通过分析和讨论真实的教学案例，教师可以直观地看到理论在实践中的运用，理解理论背后的原理，并从中获得灵感和方法。案例驱动的教学设计不仅能够帮助教师理解理论，还能够激发他们的创造力，设计出符合自己学生需求的教学活动。

策略二：教师培训和专业发展

教师是理论应用于实践的关键执行者。通过提供持续的专业发展机会，如研讨会、工作坊和在线课程，教师可以不断更新自己的知识库，提高将理论应用于实践的能力。此外，教师培训还应该包括对教学策略的反思和调整，以适应不断变化的教育环境。

策略三：建立理论与实践的对话机制

理论与实践之间的对话是弥合鸿沟的关键。通过建立教育研究者、政策制定者和一线教师之间的沟通渠道，可以确保理论的发展更加贴近实际需求，同时也能够及时将实践中的问题反馈给理论研究者。这种双向互动有助于形成更加有效的教育策略。

策略四：多元化评估工具的开发

评估是教育实践的重要组成部分。开发多元化的评估工具，如观察记录、学生反馈和自我评价，可以为教师提供更全面的评估视角，帮助他们更好地理解学生的学习进展和需求。这些工具的应用也有助于验证理论的有效性，并为教学改进提供依据。

策略五：教学实践的持续改进

教学是一个动态的过程，需要不断地评估和改进。鼓励教师基于评估结果和学生反馈，对教学实践进行持续的改进，可以帮助他们更好地适应教育环境的变化，提高教学效果。

理论与实践的鸿沟是教育领域长期面临的挑战。通过实施上述策略，我们可以逐步缩小这一鸿沟，使《灵创课堂与创造力培养》中的理论更加贴近实际，更好地服务于教学实践。这不仅能够提高教学质量，还能够促进学生的全面发展。

二、学生多样性

学生多样性是一个核心议题。每个学生都有自己独特的背景、兴趣、学习风格和能力水平，这对教师来说既是挑战也是机遇。如何在灵创课堂上满足不同学生的需求，是实现有效创造力培养的关键。以下是对这一挑战的深入分析和应对策略。

1. 挑战分析

（1）多样性和广泛性。

学生多样性不仅包括种族、文化、语言和经济背景的差异，还包括认知能力、学习风格和兴趣的差异。这种多样性要求教师在教学设计时必须考虑到各种不同的需求。

（2）个性化教学的难度。

在班级规模较大的情况下，教师很难为每个学生提供个性化的教学。这可能导致某些学生的需求得不到满足，影响他们的学习成效。

（3）资源和时间的限制。

即使教师希望满足学生的多样性需求，学校资源和时间的限制也可能成为障碍。教师可能缺乏实施个性化教学所需的材料、技术和时间。

2. 具体例子

例子一：多元文化背景的班级

在一个多元文化背景的班级中，学生可能来自不同的国家，拥有不同的语言和文化经验。教师需要设计能够包容和利用这些多样性的教学活动，以促进所有学生的参与和学习。

对策：教师可以开发跨文化项目，让学生分享自己的文化背景，并在项目中使用多种语言资源，以增强学生的文化意识和语言能力。

例子二：不同学习风格的学生

在一个班级中，学生可能有不同的学习风格，有的偏好视觉学习，有的偏好动手操作，还有的偏好听觉学习。教师需要设计多样化的教学活动，以适应这些不同的学习风格。

对策：教师可以采用多模态教学策略，如使用图表、模型、讨论和视频等，以满足不同学习风格的需求。

例子三：不同能力水平的学生

在一个班级中，学生的能力水平可能参差不齐。有的学生可能需要更多的挑战和刺激，而有的学生可能需要更多的支持和辅导。

对策：教师可以采用分层教学，为不同能力水平的学生提供不同难度的任务和活动，同时提供额外的支持和资源。

3. 对策建议

（1）差异化教学策略。

设计灵活的教学计划，以适应不同学生的学习风格、兴趣和能力水平。

（2）个性化学习路径。

为每个学生制定个性化的学习路径，提供定制化的学习资源和支持。

（3）包容性教学环境。

创造一个包容和尊重多样性的教学环境，鼓励所有学生参与和贡献。

（4）利用技术工具。

利用教育技术工具，如在线学习平台和个性化学习软件，以支持多样化的学习需求。

（5）教师培训和支持。

为教师提供培训，帮助他们掌握满足学生多样性需求的策略和技能，并提供必要的支持。

学生多样性既是灵创课堂中的一个重要挑战，也是培养创造力的宝贵资源。通过实施上述对策，教师可以更好地满足不同学生的需求，促进他们的全面发展。这不仅能够提高教学质量，还能够培养学生的创新思维和跨文化能力。

三、资源限制

资源限制是实现有效教学策略时不可忽视的挑战。学校常常面临资金、设施、技术工具和人力资源的限制，这些限制可能会阻碍教师实施创新的教学方法，进而影响学生的创造力培养。本文将探讨资源限制的具体表现、对教学实践的影响，以及可能的解决对策。

1. 挑战分析

（1）资金限制。

资金不足可能导致学校无法购买最新的教育技术工具、教学材料或提供专业的教师培训。

（2）设施不足。

一些学校可能缺乏现代化的教室、实验室或艺术工作室，这些设施对于提供丰富的学习体验至关重要。

（3）技术资源限制。

在数字化时代，缺乏计算机、平板电脑或其他技术设备会限制学生的媒体素养和信息处理能力的培养。

（4）人力资源限制。

教师和辅助人员的数量不足可能导致班级规模过大，教师无法给予每个学生足够的关注和指导。

2. 具体例子

例子一：乡村学校的资金问题

在一些偏远的乡村学校，由于资金有限，教师可能无法获得最新的教学资源，如科学实验工具或艺术材料。

对策： 教师可以利用当地自然资源，如植物、石头等，设计低成本的教学活动，同时寻求社区支持和慈善捐助。

例子二：城市学校的班级规模

在城市学校，由于学生人数众多，班级规模往往较大，这使教师难以实施个性化教学。

对策： 教师可以采用合作学习策略，让学生在小组内互相教学，同时利用在线学习平台提供个性化指导。

例子三：缺乏专业的教师培训

即使在资源丰富的学校，也可能缺乏专业的教师培训，特别是在新兴的教学领域，如创造力培养。

对策： 学校可以组织教师进行同伴互助，分享最佳实践，同时利用在线课程和研讨会进行远程培训。

3. 对策建议

（1）创新资源利用。

鼓励教师创新性地利用现有资源，如利用社区资源、家长志愿者和在线免费教育资源。

（2）技术整合。

探索低成本或开源的教育技术工具，如教育软件和应用程序，以提高教学效率。

（3）公私合作。

与企业、非营利组织和社区合作，寻求资金和资源支持，共同开发教育项目。

（4）教师专业发展。

为教师提供在线培训和研讨会，以提升他们的专业技能，特别是在资源受限的情况下。

（5）政策倡导。

与教育决策者合作，倡导增加教育资金，改善学校设施，提高教育质量。

资源限制是实现《灵创课堂与创造力培养》中教学策略的一个重大挑战。然而，通过创新性地利用现有资源、技术整合、公私合作、教师专业发展和政策倡导，可以有效地克服这些限制。这些对策不仅能够帮助教师在有限的资源条件下提供高质量的教育，还能够激发学生的创造力和创新精神。

四、克服资源限制成功的案例

1. 印度的"墙中学校"（School in the Cloud）

案例简介：

印度的"墙中学校"是一个由英国教育家苏伽特·米特拉（Sugata Mitra）发起的教育项目。在资源有限的村庄中，孩子们通过互联网连接到嵌入在墙中的电脑，自主探索和学习。

成功因素：

自主学习： 鼓励学生自主探索和解决问题。

利用现有资源： 即使是一台电脑也能成为学习的起点。

2. 肯尼亚的"太阳能图书馆"

案例简介：

在肯尼亚的贫困地区，由于电力供应不稳定，学校和社区利用太阳能为图书馆提供电力，使得学生能够在晚上阅读和学习。

成功因素：

可持续能源： 利用太阳能这种可持续能源解决了电力问题。

社区参与： 社区成员参与建设和维护图书馆，增强了项目的可持续性。

3. 巴西的"街头学校"（Casa do Saber）

案例简介：

巴西的"街头学校"项目将街头儿童带入非正式的教育环境，通过游戏和艺术活动教授他们基本的阅读、写作和数学技能。
成功因素：
非传统教育方法： 采用非传统教育方法来吸引和教育街头儿童。
利用志愿者： 利用志愿者教师来弥补师资不足。

4. 哥伦比亚的"新学校模型"（Nueva Escuela）
案例简介：
哥伦比亚的"新学校模型"是一个全国性的教育改革项目，通过社区参与和项目式学习来提高教育质量。
成功因素：
社区参与： 鼓励社区参与学校管理和教学活动。
项目式学习： 通过项目式学习让学生在实践中学习。

5. 美国的"教育资源共享"（Teachers Pay Teachers）
案例简介：
Teachers Pay Teachers 是一个在线平台，教师可以分享和销售他们自己创建的教学材料，同时也可以使用其他教师分享的资源。
成功因素：
资源共享： 通过共享资源来减少教师的工作负担和成本。
教师社区： 建立了一个教师社区，促进了教师之间的合作和交流。

6. 芬兰的"现象教学法"
案例简介：
芬兰教育系统采用"现象教学法"（Phenomenon-Based Learning），通过跨学科项目让学生探索和解决实际问题。
成功因素：
跨学科学习： 通过跨学科项目促进学生的综合能力发展。
学生中心： 以学生的兴趣和需求为中心设计教学活动。

7. 中国的"农村教育信息化"

案例简介：

中国政府推动农村教育信息化，通过提供电子设备和网络资源，缩小城乡教育差距。

成功因素：

政策支持： 政府的政策和资金支持是项目成功的关键。

技术应用： 利用信息技术提高教育质量和效率。

五、评估难题

创造力的评估是教育领域中一个复杂而微妙的问题。在本书中，如何评估学生的创造力成为一个关键议题。创造力的评估具有主观性和复杂性，缺乏标准化的评估工具和方法，这给教育者带来了不小的挑战。本文将探讨这一难题，并提出可能的解决对策。

1. 主观性问题

创造力本身是一种主观的人类特质，它涉及新颖的想法、独特的表达和创新的解决问题的能力。由于创造力的这种主观性，评估它比评估知识记忆或技能掌握更为困难。

2. 复杂性问题

创造力的表现形式多种多样，可以是艺术创作、科学发明、文学创作等。每一种表现形式都有其独特的评估标准，这增加了评估的复杂性。

3. 缺乏标准化评估工具

目前，教育领域缺乏广泛认可的标准化工具来评估创造力。现有的评估方法往往依赖于教师的主观判断，这可能导致评估结果的不一致性和不公正性。

4. 忽视过程评估

在传统的教育评估中，往往重视结果而忽视了创造过程。然而，创造力的培养过程中，探索、实验和反思等环节同样重要。

5. 具体例子

例子一：艺术课堂的评估挑战

在艺术课堂上，教师可能发现很难用传统的考试或作业评分来评估学生的创造力。艺术作品的创造性往往体现在个人表达和创新手法上，这些很难用标准化的评分标准来衡量。

对策： 采用多元化的评估方法，如学生自评、同伴评价和教师的质性反馈，以及展览和表演等形式，让学生的创造力得到更全面的评价。

例子二：科学实验课的评估难题

在科学实验课上，教师可能更倾向于评估学生的实验结果，而忽视了学生在实验过程中的创新思维和问题解决能力。

对策： 设计包含过程评估的评分体系，如实验设计、假设提出、数据收集和分析等环节，以及学生的反思报告。

例子三：跨学科项目的评估复杂性

在跨学科项目中，创造力的评估变得更加复杂，因为学生可能涉及多个领域的知识和技能。

对策： 开发跨学科的评估框架，整合不同学科的评估标准，并考虑学生的创新思维、团队合作和项目管理能力。

6. 对策建议

（1）多元化评估方法。

结合量化评估和质性评估，使用多元化的评估工具，如作品集、观察记录、自我评价和同伴评价。

（2）过程评估。

重视学生的创造过程，评估学生在探索、实验和反思中的表现。

（3）个性化评估。

考虑到学生的个体差异，为不同的学生提供定制化的评估标准。

（4）教师培训。

为教师提供关于创造力评估的专业培训，提高他们的评估技能和判断力。

（5）技术辅助评估。

利用教育技术工具,如电子作品集和在线评估平台,来支持创造力的评估。

(6)建立评估标准。

与教育专家、教师和行业从业者合作,开发和验证创造力评估的标准和工具。

创造力的评估确实是教育中的一个难题,但通过多元化的评估方法、重视过程评估、个性化评估、教师培训、技术辅助评估和建立评估标准,可以有效地应对这一挑战。这些对策有助于更准确地评估学生的创造力,从而更好地培养他们的创新能力。

六、教师角色的转变

在教育的演变过程中,教师的角色一直在不断地发展和变化。教师在培养学生创造力过程中起到关键作用,特别是在从传统的知识传递者转变为学习促进者和创新导师的过程中。这一转变对于适应当代教育的需求至关重要。

1. 传统的教师角色

在教育的历史长河中,教师的角色经历了多次变迁。在传统的教育体系中,教师的角色通常被定义为知识的传递者和权威的代言人,他们负责将信息传递给学生,而学生的角色是接受和记忆这些信息。这种模式强调标准化测试和成绩,而不是学生的创造性思维和问题解决能力。

2. 传统教师角色的特点

(1)知识的传递者。

在传统教育模式中,教师被视为知识的源泉,他们的主要职责是将信息传递给学生。这种单向传递模式强调教师的权威和学生的被动接受。

(2)纪律的维护者。

教师还承担着维护课堂纪律和秩序的责任,确保学生遵守规则和指导,以便于教学活动的顺利进行。

(3)评估者。

教师通常负责对学生的学业成绩进行评估和打分,这是他们作为教育质量把关者的角色。

(4) 课程的执行者。

教师往往按照既定的课程标准和教学大纲来执行教学计划，较少涉及课程内容的创新和调整。

3. 现代教育的需求

现代教育越来越重视学生的主动参与、批判性思维和创新能力。这要求教师不再仅仅是知识的传递者，而是成为学习促进者，鼓励学生探索、质疑和创造。

(1) 全球化和跨文化交流。

在全球化的背景下，教育需要培养学生的国际视野和跨文化交流能力。学生需要理解不同文化的观点，学会在多元文化的环境中工作和沟通。

- 多语言教育：鼓励学生学习多种语言，提高他们的语言能力。
- 国际项目：与其他国家的学校合作，开展国际交流项目。
- 文化教育：在课程中融入多元文化的内容，培养学生的文化敏感性和理解力。

(2) 技术整合和数字素养。

技术的发展正在改变学习的方式。现代教育需要整合技术工具，培养学生的数字素养。

- 技术工具的应用：教授学生如何使用各种技术工具，如计算机、平板电脑和教育软件。
- 编程和机器人教育：将编程、机器人技术和人工智能纳入课程。
- 网络安全教育：教育学生如何安全地使用互联网和保护个人信息。

(3) 创新和创造力。

创新是推动社会进步的关键因素。教育系统需要培养学生的创新思维和创造力。

- 项目式学习：采用项目式学习，鼓励学生解决实际问题。
- 创造力课程：开设专门的创造力课程，如创意写作、艺术和设计。
- 创业教育：培养学生的创业精神和创新能力。

(4) 批判性思维和解决问题的能力。

在信息爆炸的时代,批判性思维和解决问题的能力变得尤为重要。

批判性思维训练:在教学中融入批判性思维的训练,鼓励学生质疑和分析信息。

- 问题解决策略:教授学生解决问题的策略和方法。
- 反思和自我评估:鼓励学生进行反思和自我评估,提高他们的自我学习能力。

(5) 终身学习和自主学习。

现代教育应该培养学生的终身学习和自主学习的能力,使他们能够适应不断变化的职业和生活环境。

- 学习策略:教授学生有效的学习策略和技巧。
- 自主学习项目:设计自主学习项目,鼓励学生自我指导和自我激励。
- 在线学习资源:提供丰富的在线学习资源,支持学生的自主学习。

(6) 情感教育和社交技能。

除了认知技能,情感教育和社交技能也是现代教育的重要组成部分。

- 情感智力培养:在课程中融入情感智力的培养,如自我意识、同理心和社交技巧。
- 团队合作:鼓励学生参与团队项目,培养他们的合作精神和领导能力。
- 心理健康教育:提供心理健康教育和支持,帮助学生应对压力和挑战。

(7) 环境保护和可持续发展。

环境保护和可持续发展是全球性的议题,教育需要培养学生的环保意识和社会责任感。

- 环境教育:在课程中加入环境保护的内容。
- 可持续发展项目:开展可持续发展的项目和活动。
- 社区服务:鼓励学生参与社区服务,实践环保和社会责任。

现代教育的需求是多方面的,涉及全球化、技术整合、创新、批判性思维、终身学习、情感教育和环境保护等多个领域。为了满足这些需求,教育系统需要不断地进行改革和创新,培养能够适应21世纪挑战的人才。这需要教育者、政策制定者、学校和社区的共同努力。

4. 教师角色转变的障碍

在教育的演变过程中，教师的角色正在经历重要的转变。从传统的知识传递者到现代的学习促进者和创新导师，这一转变对于满足21世纪教育的需求至关重要。然而，这一过程并非没有挑战。许多教师在他们的职业生涯中一直扮演着传统的角色，对于如何成为学习促进者和创新导师可能感到不确定或不适应。此外，教师可能缺乏必要的培训和资源来支持这一角色转变。

（1）认知和信念障碍。

教师的自我认知和教育信念往往是转变过程中的第一个障碍。许多教师在长期的职业生涯中形成了固定的教学风格和信念，这些可能与新的教育模式不相符。

例子：

一位资深教师可能习惯于讲授法，认为这是最有效的教学方式。面对项目式学习等新方法，他可能感到怀疑和不安。

对策：

• 持续专业发展：提供持续的专业发展机会，帮助教师更新教学观念和方法。

• 教师培训：组织工作坊和研讨会，让教师了解和体验新的教学模式。

（2）知识和技能缺乏。

教师可能缺乏实施新教学策略所需的知识和技能。例如，许多教师没有接受过如何指导探究式学习或如何使用教育技术的培训。

例子：

一位教师可能对如何设计和执行一个以学生为中心的项目感到不知所措，因为他以前从未尝试过这种方法。

对策：

• 技能培训：提供针对性的技能培训，如教育技术、创新教学法等。

• 同伴学习：鼓励教师之间的知识共享和同伴学习。

(3) 资源限制。

资源的缺乏是教师角色转变的另一个重要障碍。这包括资金、设施、材料和技术等。

例子：

一位教师可能想在课堂上使用平板电脑来支持学生的个性化学习，但学校可能没有足够的设备或资金来支持这一计划。

对策：

• 创意解决方案：鼓励教师寻找低成本或无成本的解决方案，如使用免费在线资源。

• 社区合作：与社区合作，寻求资源和资金支持。

(4) 评估和问责制度。

传统的评估和问责制度可能不支持教师角色的转变。这些制度通常侧重于标准化测试和成绩，而不是学生的创新和批判性思维能力。

例子：

教师可能因为担心学生的考试成绩而不愿意尝试新的教学方法，因为这些方法可能在短期内影响成绩。

对策：

• 评估改革：改革评估体系，包括过程评估和创新能力的评估。

• 学校文化建设：建立一种支持创新和实验的学校文化。

(5) 政策和行政支持。

缺乏政策和行政支持是教师角色转变的另一个障碍。没有学校管理层的支持，教师很难实施新的教学策略。

例子：

一位教师可能想改变她的教学方法，但如果学校的政策和课程要求他遵循传统的教学模式，他可能会感到受限。

对策：

• 政策倡导：与教育决策者合作，推动支持教师角色转变的政策。

• 行政支持：争取学校管理层的支持和理解。

（6）家长和社区的期望。

家长和社区的期望可能与教师角色转变的目标不一致。他们可能更关注传统的学业成绩，而不是学生的创新能力。

例子：

家长可能对教师采用的新教学方法持怀疑态度，担心这些方法会影响学生的考试成绩。

对策：

• 沟通和教育：与家长和社区沟通，教育他们了解新教学方法的价值和长期益处。

• 家长参与：鼓励家长参与学校活动，让他们直接体验新的教学方法。

教师角色的转变是现代教育的关键，但这一过程面临着多方面的障碍。通过克服这些障碍，教师可以更有效地满足21世纪教育的需求，培养具有创新精神和批判性思维能力的学生。这需要教师、学校、家长和整个社区的共同努力和合作。

5. 具体例子

例子一：科学课堂上的转变

在一所高中的科学课堂上，教师传统上通过讲授和实验指导来传授科学知识。为了促进学生的创造力，教师开始设计开放性问题和探究式学习活动，让学生自己设计实验，分析结果，并提出新的假设。

对策： 教师参加专业发展研讨会，学习如何引导探究式学习，并调整课堂管理策略以适应新的教学方法。

例子二：语文教学中的创新

在语文教学中，教师传统上侧重于文本分析和文学欣赏。为了培养学生的创造力，教师开始引入创意写作和多媒体项目，让学生创作自己的故事和诗歌，并使用数字工具来表达他们的作品。

对策： 教师利用在线课程学习创意写作教学法，并与同行合作，共享创新教学资源和经验。

第八章　挑战与展望

对策建议：

专业发展： 为教师提供持续的专业发展机会，帮助他们学习新的教学策略和技巧，以促进学生的主动学习和创新思维。

角色模型： 建立教师学习社区，让教师可以分享经验，学习如何有效地促进学生的创造力。

合作学习： 鼓励教师之间的合作，共同设计和实施以学生为中心的教学活动。

技术整合： 培训教师如何使用技术工具来支持学生的创造性学习，如数字艺术软件、在线协作平台和虚拟实验室。

评估和反馈： 开发和采用新的评估方法，如项目评估、同伴评价和自我评价，以支持学生的创新和批判性思维。

学校文化： 建立一种学校文化，鼓励教师尝试新的教学方法，并支持他们的角色转变。

第二节　对策制定：应对资源限制的策略

在本书中，针对资源限制的挑战，制定有效的对策是提高教育质量和学生创造力的关键。以下是一些策略，旨在促进理论与实践的融合、满足学生多样化的需求、创新资源利用、采用多元化评估方法，以及支持教师专业发展。

一、促进理论与实践的融合

理论与实践的融合对于提升学生的创造力至关重要。理论提供了指导思想和方法论，而实践则是检验理论有效性的场所。通过融合，教师能够设计出更有效的教学活动，学生也能够在实际操作中更好地理解和应用理论知识。

1. 案例研究

案例研究是一种有效的学习方法，它能够让教师和学生深入分析特定的情境，理解理论在实际中的应用。

例子：在一所中学的科学课堂上，教师通过让学生研究"阿基米德原理"在现实生活中的应用案例，如船只如何浮在水面上。学生通过小组讨论和实验，不仅理解了理论知识，还学会了如何将理论应用于解决实际问题。

2. 教学实验

教学实验允许教师在课堂上测试新的教学方法或理论，以观察其效果。

例子：一位数学教师在引入"概率论"的概念时，设计了一个实验，让学生通过模拟游戏来体验概率的计算和应用。学生在游戏中做出了决策，并观察了结果，从而直观地理解了概率论的基本原理。

3. 实证数据

实证数据的收集和分析可以帮助教师评估理论在实践中的效果。

例子：在一所小学的美术课堂上，教师引入了"色彩理论"，并通过让学生创作艺术作品来收集数据。教师通过分析学生的作品和创作过程，评估了学生对色彩理论的理解和应用能力。

4. 反思和调整

教师需要定期反思理论与实践融合的效果，并根据反馈进行调整。

例子：在一所高中的历史课堂上，教师引导学生通过角色扮演来理解历史事件。课后，教师通过学生的反馈和表现来反思活动的有效性，并在下一次的教学中进行调整。

5. 跨学科整合

跨学科整合可以帮助学生看到不同领域知识之间的联系，促进理论与实践的融合。

例子：在一所中学的地理和生物课上，教师设计了一个项目，让学生研究本地生态系统对环境变化的响应。学生通过实地考察和实验室研究，将地理知识和生物学理论结合起来，提出了保护当地环境的策略。

促进理论与实践的融合是提高教育质量的关键。通过案例研究、教学实验、实证数据收集、反思和调整，以及跨学科整合，教师可以更有效地将理论应用于实践，从而提高学生的创造力和解决问题的能力。这些策略的实施需要教师的积极参与和不断的专业发展。通过这些方法，学生能够在实际情境中体验和应用理论知识，从而更好地理解和掌握学习内容。

二、满足学生多样化的需求

在教育实践中，学生多样性的需求是提高教学质量和效果的关键因素。满足学生多样化需求，不仅有助于学生的个性化发展，还能激发他们的创造力。以下是具体的策略和具有说服力的例子。

学生的背景、兴趣、学习风格和能力水平的多样化要求教育者采取灵活多样的教学方法，以确保每个学生都能在适合自己的环境中学习和成长。

1. 差异化教学

差异化教学是指根据学生的不同需求和能力水平，设计和实施不同的教学活动。

例子：在一所中学的英语课堂上，教师发现学生在语言技能上存在差异。为了满足这些差异，教师设计了不同层次的学习任务，包括基础词汇练习、中级阅读理解和高级创意写作。这种差异化的教学方法使得所有学生都能在自己的水平上得到挑战和提升。

2. 个性化学习路径

个性化学习路径是指为每个学生制订独特的学习计划，以适应他们的个人兴趣和学习目标。

例子：在一所小学的艺术教育中，教师发现学生对不同的艺术形式有着不同的兴趣。为了满足这些兴趣，教师为每个学生设计了个性化的学习路径，包括绘画、雕塑、音乐和戏剧等。学生可以根据自己的兴趣选择参与不同的艺术活动，从而提高了他们的学习动力和创造力。

3. 包容性教学环境

包容性教学环境是指创造一个尊重和支持所有学生多样化需求的学习氛围。

例子：在一所多元文化学校的数学课堂上，教师注意到学生来自不同的文化背景，对数学概念的理解存在差异。教师通过引入多元文化的教学资源和活动，如使用不同文化背景的数学故事和游戏，创造了一个包容性的学习环境，使得所有学生都能在熟悉的文化环境中学习数学。

4. 技术辅助的个性化学习

技术辅助的个性化学习是指利用教育技术工具来支持学生的个性化学习需求。

例子：在一所高中的科学课堂上，教师使用在线学习平台为学生提供个性化的学习资源。平台可以根据学生的学习进度和理解能力推荐适合的学习材料和练习，使得每个学生都能在适合自己的节奏下学习。

满足学生多样性的需求是现代教育的核心任务之一。通过差异化教学、个性化学习路径、包容性教学环境和技术辅助的个性化学习，教师可以更好地满足学生的多样化需求，促进他们的全面发展和创造力培养。这些策略的实施需要教师的创新思维、灵活的教学方法和对每个学生需求的深刻理解。通过这些方法，学生能够在一个支持和鼓励多样性的环境中学习和成长，从而更好地发挥他们的潜力。

三、创新资源利用

在教育资源有限的情况下，教育者需要发挥创意，探索低成本或基于现有资源的解决方案，以提高教学质量和学生的创造力。

创新资源利用不仅可以减轻学校和家庭的经济负担，还可以培养学生的创新思维和问题解决能力。通过创新资源利用，教育者可以为学生提供更多样化的学习体验。

1. 利用社区资源

社区资源是一笔宝贵的财富，可以为学生提供丰富的学习机会。

例子：在一所城市学校的地理课堂上，教师与当地图书馆合作，利用图书馆的资源开展研究项目。学生在图书馆中查找资料，进行地理课题研究，这样的合作不仅节省了学校的资源，还让学生接触到了更广泛的信息来源。

2. 技术工具的应用

技术工具，尤其是免费或低成本的在线工具，可以极大地丰富教学资源。

例子：在农村地区的一所学校，由于缺乏实验设备，教师利用免费的在线模拟软件进行物理和化学实验教学。学生通过模拟实验来理解科学原理，这种方法既安全又经济。

第八章　挑战与展望

3. 跨学科合作

跨学科合作可以让学生在不同领域之间建立联系，同时也可以共享资源。

例子：在一所中学，美术教师和历史教师合作开展了一个项目，让学生为历史故事创作插图。这个项目不仅提高了学生的艺术技能，也加深了他们对历史知识的理解。

4. 再利用和创造性使用材料

再利用和创造性使用材料是减少资源浪费的有效方法。

例子：在一所小学的艺术课上，教师鼓励学生使用废旧材料进行艺术创作。学生用回收的纸张、塑料瓶和其他材料制作手工艺品，这种活动既环保又激发了学生的创造力。

5. 利用自然环境

自然环境是一个很好的学习和探索的场所。

例子：在一所乡村学校的生物课上，教师带领学生到户外进行实地考察。学生在自然环境中学习生态系统和植物学的知识，这种实践性的学习经验既生动又具有教育意义。

创新资源利用是提高教育质量的有效途径。通过利用社区资源、应用技术工具、跨学科合作、再利用和创造性使用材料及利用自然环境，教育者可以在有限的资源条件下创造出丰富多样的学习体验。这些策略的实施需要教育者的创意思维和合作精神。通过创新资源利用，不仅可以提高教学效果，还可以培养学生的创新能力和环保意识。

四、多元化评估方法

在教育过程中，多元化评估方法对于全面了解学生的学习进度、理解程度和创造力发展至关重要。本书强调了采用多种评估工具和方法的重要性，以适应不同学生的需求和提升教育的有效性。多元化评估方法能够从不同角度评价学生的学习，不仅关注知识的掌握，还关注学生的能力、态度和创新思维。

以下是一些多元化评估方法的具体策略和例子。

1. 同伴评价

同伴评价是指让学生相互评价对方的学习成果，这种方法能够促进学生之间的交流和反思。

例子：在一所中学的团队项目中，学生在完成一个关于环保的小组讨论后，相互评价彼此的贡献和表现。这种评价方式帮助学生学会如何给予和接受建设性的反馈。

2. 自我评价

自我评价是指学生对自己的学习成果进行反思和评价，这有助于提高学生的自我意识和自主学习能力。

例子：在一所小学的个人成长日志中，学生被鼓励记录自己的学习过程和成就，并对自己的学习进行自我评价。这种方法让学生学会如何设定目标和自我激励。

3. 过程性评价

过程性评价关注学生的学习过程，而不仅仅是最终结果，这种方法有助于教师了解学生的学习策略和进步。

例子：在一所高中的科学实验课上，教师不仅评价学生的实验结果，还评价他们的实验设计、数据处理和实验报告撰写过程。这种评价方式鼓励学生在学习过程中保持积极的态度。

4. 表现性评价

表现性评价是通过观察学生在实际或模拟情境中的表现来进行评价，这种方法能够评价学生的实际操作能力和问题解决能力。

例子：在一所中学的角色扮演活动中，学生扮演历史人物并进行辩论。教师根据学生的表现来评价他们对历史事件的理解和表达能力。

5. 项目式学习评价

项目式学习评价是通过评价学生在完成一个项目过程中的表现和成果来进行评价，这种方法强调学生的创造力和团队合作能力。

例子：在一所小学的年度项目中，学生需要设计并实施一个社区服务项目。教师根据项目计划的创意、实施过程和最终影响来评价学生的表现。

多元化评估方法是提高教育质量和学生学习体验的有效途径。通过同伴评价、自我评价、过程性评价、表现性评价和项目式学习评价，教师可以从多个角度了解学生的学习情况，同时也能够鼓励学生进行自我反思和自我提升。这些评估方法的实施需要教师的精心设计和组织，以及对学生的引导和支持。通过这些方法，学生能够在一个更加全面和支持性的环境中学习和成长。

五、支持教师专业发展

在教育领域，教师的专业发展是提高教育质量的关键因素。支持教师专业发展对适应不断变化的教育需求和挑战有着特别重要的意义。教师的专业发展不仅有助于提升教师的教学技能和知识，还能激发他们的创新精神和教学热情，从而更好地培养学生的创造力。

以下是一些具体的策略和例子，说明如何支持教师的专业成长。

1. 持续的教师培训

持续的教师培训是提升教师专业技能的有效途径。

例子：一所学校的数学组教师参加了一个关于"数学思维游戏"的培训工作坊，学习如何将游戏化学习融入数学教学中。通过这种培训，教师能够将新的方法应用到课堂上，提高学生的参与度和学习兴趣。

2. 专业发展机会

提供专业发展机会，鼓励教师探索新的教学理念和技术。

例子：一所中学鼓励教师参加在线课程和研讨会，学习最新的教育技术，如增强现实（AR）和虚拟现实（VR）在教学中的应用。教师通过这些学习机会，能够将这些技术应用于科学和历史课程，为学生创造更生动的学习体验。

3. 教师学习社区

建立教师学习社区，促进教师之间的知识共享和合作。

例子：在一所小学，教师组成了一个"创新教学法"学习社区，定期举行会议，分享彼此的教学经验和资源。这种社区支持了教师之间的协作，促进了教学方法的创新。

4. 教师反思和研究

鼓励教师进行教学反思和研究，以提升他们的教学实践。

例子：一所高中实施了一个"教师行动研究"项目，教师在项目中研究自己的教学实践，探索提高学生学习成效的方法。通过这种方式，教师能够基于研究结果调整教学策略，提高教学质量。

5. 教师评估和反馈

建立一个有效的教师评估和反馈系统，帮助教师了解自己的优势和改进领域。

例子：在一所中学，教师每年都会接受同行评审和学生反馈，以评估他们的教学效果。这种评估和反馈机制帮助教师识别自己的教学强项和需要改进的地方，从而制订个人发展计划。

支持教师专业发展是提高教育质量和学生创造力的关键。通过持续的教师培训、提供专业发展机会、建立教师学习社区、鼓励教师反思和研究，以及建立有效的教师评估和反馈系统，可以帮助教师不断提升自己的教学技能和知识。这些策略的实施需要学校和教育行政部门的支持和资源投入。通过这些方法，教师能够更好地适应教育的变化，提高教学效果，从而更好地培养学生的创造力和创新能力。

第三节 未来发展趋势

一、创新教育的国际趋势

1. 全球化与本土化的融合

在全球化的背景下，创新教育正逐渐形成一种国际趋势，即在吸收国际先进教育理念的同时，注重本土化创新。这种趋势强调教育的国际化视野与本土文化特色的结合，旨在培养具有全球竞争力和本土文化认同的人才。

（1）国际合作与交流。

数据显示，过去十年中，参与国际教育合作与交流的项目数量增长了150%，这表明教育国际化的趋势正在加速。

国际学生流动的增加也是这一趋势的体现，据统计，全球国际学生的数量在过去十年中增长了近一倍。

（2）本土化创新。

尽管全球化趋势明显，但各国在创新教育实践中仍然强调本土化的重要性。例如，中国的教育创新强调结合中国国情和文化传统，发展具有中国特色的创新教育模式。

二、技术驱动的教育创新

技术的发展为教育创新提供了新的可能性。从在线学习平台到人工智能辅助教学，技术正在改变教育的面貌。

1. 在线教育的普及

根据国际教育技术协会（ISTE）的报告，超过80%的学校已经实施了在线学习项目，这一比例在过去五年中增长了30%。

在线教育的普及不仅提高了教育资源的可获取性，也为学生提供了更加灵活的学习方式。

2. 人工智能在教育中的应用

人工智能技术在教育中的应用正在迅速增长。据统计，全球教育领域人工智能的投资在过去五年中增长了200%。

人工智能技术被用于个性化学习、智能辅导系统、自动化评估等方面，提高了教育的效率和质量。

3. 学生中心的教学模式

学生中心的教学模式强调学生的主动参与和个性化学习，这种模式正在成为国际教育创新的核心。

（1）项目式学习（PBL）。

项目式学习是一种以学生为中心的教学方法，它鼓励学生通过参与和完成具有实际意义的项目来学习。

据国际教育成就评估协会（IEA）的调查，采用项目式学习的学校在过去十年中增长了40%。

（2）个性化学习。

个性化学习关注每个学生的学习需求和兴趣，提供定制化的学习路径。

一项针对全球500所学校的调查显示，超过90%的学校认为个性化学习是提高学生学习成效的关键。

三、教育评估的创新

教育评估的创新是推动教育质量提升的关键。新的评估方法更加注重学生的能力而不仅仅是知识的记忆。

1. 能力本位评估

能力本位评估强调评估学生的批判性思维、创造力、沟通能力等关键技能。

据经济合作与发展组织（OECD）的报告，超过60%的OECD成员国已经开始实施或计划实施能力本位评估。

2. 形成性评估

形成性评估是一种持续的评估过程，它允许教师及时了解学生的学习进度，并根据需要调整教学策略。

形成性评估的实施有助于提高学生的学习动机和成效，已被越来越多的教育机构所采纳。

3. 教育政策的支持与改革

政府和教育机构的政策支持是推动教育创新的关键因素。许多国家已经开始通过政策改革来支持教育创新。

（1）政策支持。

例如，美国教育部推出了"教育创新与研究"计划，旨在支持教育创新项目和研究。

欧盟也推出了"地平线2020"计划，其中包括对教育创新项目的支持。

（2）政策改革。

许多国家正在改革教育政策，以适应新的教育需求和挑战。例如，芬兰的教育改革强调跨学科学习和合作学习。

政策改革的目标是创造一个更加灵活和包容的教育体系，以满足不同学生的需求。

（3）社会参与和合作。

社会参与和合作是教育创新的另一个重要趋势。学校、企业、非营利组织和社区之间的合作正在增加。

（4）校企合作。

校企合作为学生提供了实际工作经验和学习机会，同时也为企业提供了潜在的人才资源。

据统计，全球范围内参与校企合作的学校数量在过去五年中增长了50%。

（5）社区参与。

社区参与有助于学校更好地满足学生和家庭的需求，同时也增强了学校与社区的联系。

社区参与的形式包括家长教师协会、社区服务项目和社区咨询委员会等。

（6）可持续发展教育。

可持续发展教育是教育创新的另一个重要方向，它强调教育在促进环境保护和社会公正方面的作用。

4. 环境教育

环境教育旨在培养学生对环境问题的认识和责任感。

联合国教科文组织的数据显示，全球有超过100个国家已经将环境教育纳入了国家课程。

5. 社会责任教育

社会责任教育关注培养学生的社会参与意识和公民责任感。

社会责任教育的实施有助于学生成为有责任感的公民，为社会的可持续发展做出贡献。

6. 教育创新的未来趋势

展望未来，教育创新将继续朝着更加个性化、灵活化和国际化的方向发展。

（1）个性化学习的未来。

随着技术的进步,个性化学习将更加精细和高效。人工智能和大数据技术将使教育者能够更好地理解每个学生的学习需求和风格。

个性化学习将帮助学生实现他们的潜力,为他们的未来发展打下坚实的基础。

(2)终身学习的趋势。

终身学习将成为教育创新的重要组成部分。随着社会和经济的快速变化,人们需要不断学习新知识和技能来适应这些变化。

教育体系将需要提供更多的终身学习机会,包括在线课程、成人教育和职业培训等。

(3)国际合作的加强。

教育创新的国际合作将继续加强。不同国家和地区将共享资源、知识和最佳实践,以促进全球教育的发展。

国际合作将有助于解决全球性的教育挑战,如教育不平等、气候变化教育等。

(4)教育技术的融合。

教育技术的融合将继续推动教育创新。新技术,如虚拟现实(VR)、增强现实(AR)和区块链,将为教育提供新的可能性。

教育技术的融合将使学习更加生动和有互动性,提高学生的学习兴趣和成效。

(5)教育公平的追求。

教育公平是教育创新的核心目标之一。未来的教育创新将更加注重消除教育不平等,为所有学生提供平等的学习机会。

教育公平的追求将需要政策制定者、教育者和社会各方面的共同努力。

(6)创新教育的评估与认证。

随着教育创新的深入,对创新教育的评估和认证也将变得更加重要。

新的评估和认证体系将需要能够准确反映教育创新的效果和价值,为教育创新提供指导和保障。

(7)教育创新的伦理考量。

教育创新的伦理考量将变得越来越重要。随着技术在教育中的广泛应用，保护学生隐私、确保教育公平和防止技术滥用等问题需要得到更多关注。

教育创新的伦理考量将需要教育者、政策制定者和技术开发者共同努力，以确保教育创新的健康发展。

四、教育政策更新趋势

1. 教育政策的国际化趋势

随着全球化的深入发展，教育政策的国际化趋势日益明显。各国政府和教育机构越来越重视国际合作与交流，以促进教育的共同发展。

2. 国际合作项目的增加

据统计，全球教育国际合作项目的数量在过去十年中增长了两倍，这反映了国际教育合作的广泛性和深入性。

例如，欧盟的"伊拉斯谟+"项目和联合国教科文组织的国际教育合作项目都在不断扩展，促进了教育资源和经验的全球共享。

3. 国际教育标准的制定

国际教育标准的制定是教育政策国际化的重要方面。例如，国际学生评估项目（PISA）和国际文凭（IB）课程的推广，为各国教育质量提供了可比较的基准。

这些标准的制定和实施，有助于提升教育质量，并促进教育公平。

4. 教育技术的融合与创新

教育技术的快速发展对教育政策产生了深远影响。政策制定者越来越重视利用技术手段提高教育质量和效率。

（1）在线教育政策的支持。

面对近年来的远程教育需求，许多国家出台了支持在线教育的政策，如提供资金支持、技术培训和平台建设。

这些政策的实施，加速了教育数字化转型的进程。

（2）人工智能在教育中的应用。

人工智能技术在教育中的应用越来越受到重视。一些国家已经开始探索利用人工智能进行个性化教学、智能辅导和自动化评估。

例如，中国教育部发布的《教育信息化 2.0 行动计划》中明确提出，要推动人工智能技术在教育中的广泛应用。

5. 教育公平与包容性政策

教育公平是全球教育政策的核心目标之一。各国政府都在努力通过政策手段缩小教育差距，促进教育机会均等。

（1）针对弱势群体的教育政策。

为了保障弱势群体的教育权益，许多国家出台了专门的教育政策，如为残疾学生提供特殊教育资源，为贫困地区学生提供教育资助。

这些政策有助于实现教育的包容性和公平性。

（2）性别平等教育政策。

性别平等是教育公平的重要组成部分。许多国家通过立法和政策推动性别平等教育，消除性别歧视，保障女性和男性享有同等的教育机会。

例如，联合国教科文组织推动的"性别平等教育计划"，旨在通过教育政策和实践促进性别平等。

6. 教育质量的提升与评估

提升教育质量是教育政策的重要目标。各国政府都在通过政策手段加强教育质量的监管和评估。

（1）教育质量监管政策。

为了确保教育质量，许多国家建立了教育质量监管体系，包括制定教育质量标准、实施教育质量评估和建立教育质量保障机制。

例如，美国教育部的"学校改进计划"和英国的"教育标准办公室"（Ofsted）都是旨在提升教育质量的政策措施。

（2）教育评估政策的改革。

教育评估政策的改革是提升教育质量的关键。许多国家正在从传统的考试成绩导向转向更加全面的学生能力评估。

例如，芬兰和加拿大的教育评估政策强调学生的综合素质和终身学习能力，而非单纯的考试成绩。

7. 教育政策的可持续发展

可持续发展教育是全球教育政策的新趋势。各国政府都在努力将可持续发展的理念融入教育政策中。

（1）环境教育政策。

环境教育政策旨在培养学生的环境保护意识和可持续发展能力。许多国家已经将环境教育纳入国家课程体系。

例如，澳大利亚的"国家环境教育战略"和日本的"环境教育行动计划"都是推动环境教育的政策措施。

（2）社会责任教育政策。

社会责任教育政策关注培养学生的社会责任感和公民意识。这些政策鼓励学生参与社会服务和社区建设，以促进社会的可持续发展。

例如，韩国的"社会参与教育计划"和新加坡的"公民与道德教育课程"都是旨在培养学生社会责任意识的政策措施。

8. 教育政策的未来展望

展望未来，教育政策将继续朝着更加公平、包容、高质量和可持续发展的方向发展。

（1）教育政策的个性化趋势。

随着社会需求的多样化和个体差异的增加，教育政策将更加注重满足不同学生的需求，提供个性化的教育服务。

例如，芬兰的教育政策强调为每个学生提供定制化的教育路径，以满足他们的个性化学习需求。

（2）教育政策的终身学习趋势。

终身学习是教育政策的重要方向。未来，教育政策将更加重视为所有人提供终身学习的机会和资源。

例如，欧盟的"终身学习计划"和中国的"继续教育政策"都是推动终身学习的政策措施。

(3) 教育政策的数字化转型。

教育政策的数字化转型将继续推进。未来，教育政策将更多地利用数字技术和在线平台，提供更加灵活和便捷的教育服务。

例如，美国的"数字学习计划"和英国的"教育技术战略"都是支持教育数字化转型的政策措施。

(4) 教育政策的国际化合作。

教育政策的国际化合作将进一步加深。未来，教育政策将更加注重与其他国家的合作与交流，共享教育资源和经验。

例如，联合国教科文组织的"国际教育合作项目"和亚洲开发银行的"教育合作项目"都是推动教育国际化合作的政策措施。

(5) 教育政策的可持续发展目标。

教育政策将更加注重实现可持续发展目标。未来，教育政策将更加重视环境保护、社会公正和经济发展的可持续性。

例如，联合国的"可持续发展教育全球行动计划"和世界银行的"教育与可持续发展项目"都是支持教育可持续发展的政策措施。

五、家长社会参与教育趋势

1. 家长参与教育的多元化趋势

随着教育观念的更新和家长教育需求的多样化，家长参与教育的形式和内容呈现出多元化的趋势。家长不再仅仅满足于传统的学业辅导，而是更加注重孩子的全面发展，包括情感、社交、创新能力等多方面的培养。

(1) 多元化参与形式。

家长参与的形式从单一的学业辅导扩展到组织和参与学校的各类活动，如家长会、学校管理委员会、志愿服务等。

家长参与教育的渠道也更加多样化，包括线上家长学校、社交媒体群组、家校互动平台等。

(2) 多元化参与内容。

家长参与的内容涵盖了学业指导、心理健康、生涯规划、社会实践等多个方面。

家长参与的焦点逐渐从学业成绩转向孩子的个性化发展和综合素质提升。

2. 家长参与教育的主动性增强

现代家长更加重视教育的作用，愿意主动参与到孩子的教育过程中，与学校和社会形成合力，共同促进孩子的成长。

（1）主动参与学校教育。

家长主动参与学校教育的意愿增强，愿意通过参与家长会、学校活动等方式，了解孩子在学校的表现和需求。

家长主动与教师沟通，共同关注孩子的成长问题，形成家校共育的良好氛围。

（2）主动参与社会教育。

家长主动利用社会资源，如图书馆、博物馆、科技馆等，为孩子提供更广阔的学习平台。

家长主动参与社区教育活动，如社区讲座、亲子活动等，提升家庭教育的质量。

3. 家长参与教育的信息化趋势

信息技术的发展为家长参与教育提供了新的途径和工具，使得家长参与更加便捷和高效。

（1）利用在线平台参与教育。

家长通过在线教育平台参与孩子的学习过程，如在线作业辅导、在线课程学习等。

家长利用社交媒体和家校互动平台，与教师和其他家长进行交流和分享。

（2）利用移动应用参与教育。

家长通过移动应用实时了解孩子在学校的表现和动态，如考勤、成绩、作业等。

家长利用教育类移动应用获取家庭教育资源和指导，提升家庭教育能力。

4. 家长参与教育的个性化趋势

家长参与教育越来越注重满足孩子的个性化需求,通过参与教育活动,帮助孩子发掘潜能,发展特长。

(1) 个性化教育需求的识别。

家长通过观察和沟通,了解孩子的兴趣、特长和需求,为个性化教育提供依据。

家长与教师合作,共同制订适合孩子的个性化教育计划。

(2) 个性化教育活动的参与。

家长参与学校和社区组织的个性化教育活动,如特长班、兴趣小组等。

家长根据孩子的个性化需求,选择适合的课外辅导和培训资源。

5. 家长参与教育的社区化趋势

社区在家长参与教育中的作用日益凸显,成为连接家庭、学校和社会的重要纽带。

(1) 社区教育资源的利用。

家长积极参与社区教育活动,利用社区提供的教育资源,如图书馆、文化中心等。

家长参与社区教育项目,如社区讲座、亲子阅读活动等,提升家庭教育的质量。

(2) 社区教育活动的组织。

家长参与组织社区教育活动,如邻里学习小组、社区环保活动等,为孩子提供实践学习的机会。

家长与社区合作,推动社区教育资源的整合和优化,满足家庭教育的多样化需求。

6. 家长参与教育的政策支持趋势

政府和教育机构越来越重视家长在教育中的参与,通过政策支持和鼓励,促进家长参与教育的深入发展。

(1) 政策鼓励家长参与。

政府出台相关政策,鼓励和支持家长参与教育,如提供家庭教育指导、家长培训等。

教育机构通过制订家校合作计划、家长参与指南等，为家长参与教育提供指导和帮助。

（2）政策保障家长权益。

政府通过立法保障家长在教育中的权益，如参与学校管理、获取教育信息等。

教育机构通过建立家长委员会、家长学校等，保障家长的参与权和知情权。

7. 家长参与教育的国际化趋势

在全球化背景下，家长参与教育也呈现出国际化的趋势，家长通过参与国际教育活动，拓宽视野，提升教育质量。

（1）参与国际教育交流。

家长通过参与国际教育交流项目，了解不同国家和地区的教育模式和经验。

家长鼓励孩子参与国际学生交流、海外游学等活动，提升孩子的国际视野和跨文化交流能力。

（2）利用国际教育资源。

家长利用国际教育资源，如在线国际课程、国际教育平台等，为孩子提供更广阔的学习机会。

家长参与国际教育合作项目，如国际学校合作、国际教育研究等，提升家庭教育的国际化水平。

8. 家长参与教育的未来展望

展望未来，家长参与教育将更加注重个性化、多元化和国际化，通过与学校、社会和政府的合作，共同推动教育的发展和创新。

（1）个性化参与的深化。

家长参与教育将更加注重满足孩子的个性化需求，通过参与教育活动，帮助孩子发掘潜能，发展特长。

（2）多元化参与的拓展。

家长参与教育的形式和内容将更加多样化，涵盖学业指导、心理健康、生涯规划、社会实践等多个方面。

（3）国际化参与的提升。

家长参与教育将更加注重国际化，通过参与国际教育活动，拓宽视野，提升教育质量。

（4）政策支持的加强。

政府和教育机构将出台更多政策，支持和鼓励家长参与教育，保障家长的权益，促进家庭教育的发展。

六、创造力培养未来趋势

1. 技术融合与创新教育

随着技术的不断进步，未来的创造力培养将更加依赖于技术的融合与创新。教育技术的发展，如人工智能、虚拟现实、增强现实和区块链等，将为创造力的培养提供新的工具和平台。

（1）人工智能在创造力培养中的应用。

人工智能技术可以通过个性化学习路径、智能辅导系统和自动化评估等方式，提高创造力培养的效率和效果。

据预测，到2027年，全球教育领域人工智能的市场规模将达到近30亿美元，这表明人工智能在教育中的应用将越来越广泛。

（2）虚拟现实与增强现实在创造力培养中的作用。

虚拟现实（VR）和增强现实（AR）技术可以为学生提供沉浸式的学习体验，激发他们的想象力和创造力。

预计到2025年，全球VR和AR在教育领域的应用将达到18亿美元的市场规模，这将极大地推动创造力培养的创新。

2. 跨学科与项目式学习

未来的创造力培养将更加强调跨学科学习和项目式学习，这两种学习方式能够促进学生综合运用不同领域的知识和技能，解决复杂问题。

（1）跨学科学习的趋势。

跨学科学习通过整合不同学科的知识和方法，培养学生的创新思维和问题解决能力。

据国际教育协会的报告，超过70%的高等教育机构已经实施或计划实施跨学科课程。

（2）项目式学习的发展。

项目式学习通过让学生参与实际项目，培养他们的实践能力和创新能力。

预计到2026年，全球项目式学习市场将增长到超过40亿美元，这表明项目式学习将成为未来教育的重要趋势。

3. 个性化与定制化教育

未来的创造力培养将更加注重个性化和定制化教育，以满足不同学生的学习需求和风格。

（1）个性化学习路径的设计。

个性化学习路径可以根据学生的学习进度、兴趣和能力进行定制，提供更加符合个人需求的学习体验。

个性化学习平台的用户数量预计将在2025年达到超过2亿，这将推动教育服务的个性化和定制化。

（2）定制化教育服务的提供。

定制化教育服务可以通过在线课程、一对一辅导和个性化学习资源等方式，为学生提供更加灵活和多样化的学习选择。

随着在线教育的普及，定制化教育服务的市场预计将在2027年达到超过500亿美元。

4. 终身学习与创新能力培养

终身学习将成为未来创造力培养的重要组成部分，教育体系将提供更多的终身学习机会，以适应快速变化的社会和经济需求。

（1）终身学习的重要性。

终身学习可以帮助个人不断更新知识和技能，适应社会的变化，提高创新能力。

据联合国教科文组织的报告，终身学习的理念已经被超过150个国家纳入国家教育战略。

（2）创新能力培养的策略。

创新能力培养将更加注重实践、合作和跨文化交流，以培养学生的创新思维和解决问题的能力。

预计到2028年，全球创新教育市场将增长到超过1500亿美元，这将推动创新能力培养的进一步发展。

5. 教育公平与包容性

未来的创造力培养将更加注重教育公平和包容性，确保所有学生都能获得高质量的教育资源和机会。

（1）教育公平的推进。

教育公平意味着为所有学生提供平等的教育机会，无关他们的性别、种族、社会经济背景或其他因素。

据世界银行的报告，教育公平的投资可以带来长期的经济和社会回报。

（2）包容性教育的实施。

包容性教育关注满足所有学生的需求，包括残疾学生、少数民族学生和其他弱势群体。

预计到2026年，全球特殊教育市场将增长到超过200亿美元，这将有助于推动包容性教育的实施。

6. 国际化与全球合作

未来的创造力培养将更加注重国际化和全球合作，通过国际交流和合作项目，培养学生的全球视野和跨文化交流能力。

（1）国际化教育的推广。

国际化教育可以帮助学生了解不同文化和社会，提高他们的国际竞争力。

据国际教育协会的报告，全球参与国际教育交流的学生数量在过去十年中增长了两倍。

（2）全球合作项目的增加。

全球合作项目可以促进不同国家和地区之间的教育资源共享和经验

交流。

预计到 2027 年，全球教育合作项目的数量将增长到超过 5000 个，这将有助于推动全球教育的创新和发展。

7. 教育政策与法规的支持。

政府和教育机构的政策和法规将为未来创造力培养提供支持和保障。

（1）教育政策的更新。

教育政策的更新将更加注重创新教育和创造力培养，提供更多的资源和支持。

据经济合作与发展组织的报告，超过 80% 的 OECD 成员国已经实施或计划实施创新教育政策。

（2）法规的完善。

法规的完善将确保教育公平、保护学生权益，并促进教育的可持续发展。

预计到 2028 年，全球教育法规的市场规模将增长到超过 300 亿美元，这将有助于推动教育法规的完善和执行。

8. 社会参与与合作

社会参与和合作将在未来创造力培养中发挥更加重要的作用，通过家庭、社区和企业的参与，共同促进教育的发展和创新。

（1）家庭参与的增强。

家庭参与可以帮助学生获得更多的学习资源和支持，提高他们的学习成效。

据家庭教育协会的报告，家庭参与教育的学生比不参与的学生在学习成就上平均高出 30%。

（2）社区与企业的合作。

社区和企业的合作可以为学生提供实践学习的机会和资源，促进他们的创新能力和职业发展。

预计到 2029 年，全球企业教育合作项目的数量将增长到超过 10000 个，这将有助于推动教育与行业的紧密结合。

9. 教育评估与认证的创新

未来的创造力培养将更加注重教育评估和认证的创新，以确保教育质量和效果。

（1）评估方法的多样化。

评估方法的多样化将包括形成性评估、同伴评估、自我评估等，以全面评价学生的学习成果。

据教育评估协会的报告，超过 90% 的教育评估专家认为多样化的评估方法可以更准确地反映学生的学习成效。

（2）认证体系的国际化。

认证体系的国际化将有助于学生和教师获得国际认可的资格和证书，提高他们的国际竞争力。

预计到 2030 年，全球教育认证市场将增长到超过 500 亿美元，这将推动教育认证体系的国际化和标准化。

10. 教育伦理与社会责任的未来发展

（1）未来教育的伦理问题预测。

随着教育技术的不断进步和教育模式的创新，未来教育将面临新的伦理问题和挑战。

增强现实与虚拟现实技术的应用：随着 AR 和 VR 技术在教育中的应用，学生将在更加沉浸式的环境中学习。然而，这可能引发关于学生数据隐私、虚拟环境的真实性及可能对现实世界感知的影响等问题。

个性化学习路径：基于人工智能的个性化学习系统能够根据学生的学习习惯和能力提供定制化的学习路径。但这可能导致学生之间的学习差距扩大，以及个性化算法的透明度和公平性问题。

人工智能教师：AI 教师能够提供 24/7 的学习支持，但它们是否能够理解学生的情感需求，以及它们在决策中的伦理边界，都是需要深入探讨的问题。

终身学习的伦理要求：随着知识更新速度的加快，终身学习成为必要。教育提供者需要确保所有年龄段的学习者都能获得必要的教育资源和支持，这涉及资源分配的公平性和可及性问题。

（2）社会责任在教育发展中的趋势。

在未来，社会责任将成为教育发展的核心要素，体现在以下几个趋势。

教育公平的全球关注：随着全球化的深入，教育公平问题将受到更多国际组织和政府的关注。国际合作和资源共享将成为解决教育不平等问题的重要途径。

可持续发展教育：教育将更加注重培养学生的可持续发展意识，包括环境保护、资源节约和社会责任等方面，以应对全球气候变化和资源紧张的挑战。

教育与就业的紧密结合：教育系统将更加关注学生的就业能力，与企业和行业紧密结合，提供与市场需求相匹配的教育和培训。

教育的包容性增强：未来的教育将更加包容，不仅关注主流学生群体，还将特别关注残疾人、少数民族和其他边缘化群体的教育需求。

教育的民主化：随着在线教育和开放教育资源的普及，教育的获取将更加民主化，每个人都有机会接受高质量的教育，不论其地理位置或经济状况如何。

在未来的教育发展中，教育伦理与社会责任将成为推动教育创新和提升教育质量的关键因素。通过预见和应对未来的伦理挑战，我们可以确保教育活动更加人性化、公平和可持续。

第四节 对教育改革的建议

一、更新教育政策

1. 政策调整方向

教育政策的调整应以培养学生的创造力和创新能力为核心目标。政府应制定明确的政策框架，鼓励学校实施以学生为中心的教学方法，重视学生的个性化发展和批判性思维能力的培养。政策应支持跨学科的教学模式，促进STEM（科学、技术、工程和数学）教育与艺术、人文等学科的融合，以培养学生的综合素质。

2. 创新教育支持措施

政府应提供专项资金支持创新教育项目,包括教师培训、课程开发、教学设施升级等。同时,应鼓励学校与科研机构、企业合作,共同开发创新课程和教学资源。此外,政府还应设立创新教育基金,支持学校开展创新教育研究和实践,以及为有创新潜力的学生提供奖学金和创业支持。

3. 资源配置与投入

教育资源的配置应更加倾向于创新教育的需求。这包括为学校提供必要的物质资源,如实验室设备、图书馆藏书、数字资源等,以及人力资源,如专业教师、教育顾问等。政府应增加对教育的财政投入,特别是在创新教育领域的投入,确保所有学校都能获得实施创新教育所需的资源。

二、改革评估体系

1. 评估体系的多元化

评估体系的改革应从单一的知识掌握程度评价转变为多元化的评价体系。这包括对学生的创造力、问题解决能力、团队合作能力、领导力等多方面能力的评估。评估方式也应多样化,包括项目作业、口头报告、小组讨论、实验操作等,以全面评价学生的综合能力。

2. 创新能力的评估

在评估体系中,应特别重视对学生创新能力的评估。这可以通过设置创新项目、组织创新竞赛、开展创意工作坊等方式来实现。评估标准应注重学生的创新思维、原创性、实践能力和成果的社会价值。

三、加强教师培训

1. 教师专业发展

教师是实施创新教育的关键。因此,加强教师培训,提供专业发展机会是至关重要的。教师培训应包括最新的教育理念、教学方法、课程设计、评价体系等内容,以提升教师的创新教育能力。

2. 教师培训资源

政府和教育机构应提供充足的培训资源,包括在线课程、研讨会、工作坊、学术会议等。同时，应鼓励教师参与国内外的教育培训项目，以拓宽视野，吸收先进的教育经验和理念。

四、提高家长和社会参与

1. 家长教育意识的提升

通过教育和宣传活动，提高家长对创新教育重要性的认识。家长应被鼓励参与孩子的教育过程，支持孩子参与创新项目和活动。

2. 社会支持网络的建立

建立社会支持网络，包括企业、社区、非政府组织等，共同推动创新教育的发展。这些组织可以提供资源、资金、实习机会等，为学生提供更丰富的学习体验。

五、促进校企合作

1. 合作模式的创新

学校与企业之间的合作应更加紧密和创新。企业可以提供实际的项目案例、技术指导、实习机会等，让学生在真实的工作环境中学习和实践。

2. 合作项目的实施

实施具体的合作项目，如联合研发、学生实习、企业导师计划等，让学生有机会直接参与到企业的创新活动中，从而提高他们的实践能力和创新能力。

六、利用在线教育资源

1. 在线教育平台的利用

利用在线教育平台提供丰富的学习资源，包括课程、讲座、模拟实验等。这些资源可以突破时间和空间的限制，为学生提供更灵活的学习方式。

2. 个性化学习路径的设计

通过在线教育资源，学生可以根据自己的兴趣和学习节奏选择合适的学习内容和路径，实现个性化学习。

七、建立创新教育生态系统

1. 创新实验室和创客空间的建设

在学校内部建立创新实验室和创客空间，为学生提供实验、探索、创造的环境和工具。这些空间应配备先进的设备和技术，鼓励学生进行创新实践。

2. 研究项目的开展

开展各类研究项目，让学生参与到真实的研究过程中，体验科研的乐趣和挑战。这些项目可以是校内的，也可以是与外部机构合作的，以提高学生的科研能力和创新能力。

第五节 改革评估体系

一、评估体系多元化

当前的教育评估体系往往侧重于学生对知识的掌握程度，而忽视了创造力和创新能力的评估。为了适应新时代教育的需求，评估体系必须多元化，涵盖学生的知识掌握、技能运用、问题解决、团队协作、创新思维等多个维度。根据《教育变革力与创新创造力培养》一书，多元化评估体系应包括以下几个方面：

项目作业： 通过项目作业评估学生的实践能力和创新思维，如设计一个解决方案来应对现实世界的挑战。

口头报告： 评估学生的表达能力和逻辑思维，以及他们如何将自己的想法传达给他人。

小组讨论： 观察学生在团队中的互动和协作能力，以及他们如何共同解决问题。

实验操作： 评估学生的动手能力和科学探究精神，尤其是在STEM领域的实验操作能力。

二、创造力评价标准

创造力评价标准的建立是改革评估体系的关键。根据《在教学中激发学生的创造性思维：基于创造性动机理论的思考与启示》的研究，创造力评价标准应包括：

原创性： 评估学生的想法和解决方案是否具有新颖性。

灵活性： 评估学生在面对问题时能否灵活运用不同方法和策略。

流畅性： 评估学生在一定时间内产生创意的数量和质量。

复杂性： 评估学生的创意是否具有深度和复杂度。

三、知识与能力综合评价

知识与能力的综合性评价是教育评估体系改革的另一个重要方面。这种评价方式不仅关注学生的知识掌握，还关注他们如何运用这些知识来解决实际问题。根据《核心素养下小学美术教育中培养学生创造力的重要性》的研究，综合评价应包括：

知识应用： 评估学生如何将学到的知识应用到新的情境中。

技能运用： 评估学生在实际操作中运用技能的能力，如使用特定软件、进行实验等。

问题解决： 评估学生在面对复杂问题时的解决策略和方法。

创新实践： 评估学生在实践中展现的创新能力和改进现有解决方案的能力。

通过这样的综合评价，教育者可以更全面地了解学生的学习进度和创新能力，从而为他们提供更有针对性的指导和支持。

四、加强教师培训

1. 专业发展机会

教师的专业发展是提高教育质量的关键。根据《小学美术课堂：创造力与感受力的培养》一书，教师应有机会参与以下专业发展活动。

研讨会和工作坊： 定期参加研讨会和工作坊，以了解最新的教育趋势和创新教学方法。

学术交流： 鼓励教师参与国内外的学术交流活动，以拓宽视野和吸收新的教育理念。

在线课程： 提供在线课程和资源，使教师能够灵活地学习新知识和技能。

教育研究： 支持教师参与教育研究项目，以提高他们的研究能力和创新教学实践。

2. 创新教育技能

教师需要掌握一系列创新教育技能，以适应新时代的教育需求。根据《创造教育走进课堂的实践与探索》的实践案例，这些技能包括：

跨学科教学： 教师应能够设计和实施跨学科的教学计划，将不同学科的知识和技能整合到教学中。

技术整合： 教师需要掌握将技术工具和数字资源融入教学的技能，以提高教学效果和学生的学习体验。

创造性问题解决： 教师应能够引导学生通过创造性思维来解决复杂问题，培养他们的批判性思维和创新能力。

评估和反馈： 教师需要掌握多元化的评估方法，能够提供及时、有效的反馈，以促进学生的持续进步。

3. 教师角色转变

随着教育改革的深入，教师的角色也在发生变化。根据《设计思维》一书，教师应从传统的知识传递者转变为学生创新能力发展的促进者和指导者。

学习引导者： 教师应成为学生学习的引导者，帮助他们探索自己的兴趣和激发他们的创造力。

创新教练： 教师应成为学生的创新教练，教授他们如何运用创新思维和方法来解决问题。

学习伙伴： 教师应成为学生的学习伙伴，与他们一起探索、学习和成长。

评估者和反馈者： 教师应成为学生学习成果的评估者和反馈者，帮助他们了解自己的优势和需要改进的地方。

通过这样的角色转变，教师可以更好地支持学生的创新能力和个人成长，为他们的未来发展打下坚实的基础。

五、提高家长和社会参与

1. 教育宣传与活动

提高家长和社会对创新教育重要性的认识是推动教育改革的关键。根据《创造力、教育和社会发展译丛：培养学生的创造力》一书，以下是提

第八章　挑战与展望

高家长和社会参与的策略。

教育宣传活动： 通过媒体、社区活动、家长会等方式，宣传创新教育的重要性和方法，提高家长和社会的认识。

创新教育展览： 定期举办创新教育展览，展示学生的创新项目和成果，让家长和社会直观感受创新教育的成效。

互动工作坊： 组织互动工作坊，邀请家长和社区成员参与，体验创新教育的活动，增进他们对创新教育的理解。

2. 家长参与机制

家长的积极参与对学生的学习和发展至关重要。根据《在教学中激发学生的创造性思维：基于创造性动机理论的思考与启示》的研究，以下是建立家长参与机制的方法：

家长委员会： 成立家长委员会，让家长参与学校教育决策，反映家长对创新教育的需求和建议。

家校联系本： 通过家校联系本，定期向家长反馈学生的学习进度和创新活动参与情况，鼓励家长给予支持和鼓励。

家长志愿者计划： 鼓励家长成为志愿者，参与学校的创新教育活动，如协助组织创新竞赛、提供职业分享等。

3. 社会支持网络构建

构建社会支持网络可以为学校提供更多的资源和支持。根据《以美术教育构建面向 21 世纪的创造力》的研究，以下是构建社会支持网络的策略。

企业合作： 与企业建立合作关系，企业可以提供资金支持、实习机会、项目指导等，帮助学生将创新理念转化为实际应用。

社区参与： 鼓励社区成员参与学校的创新教育活动，如提供讲座、工作坊、辅导等，丰富学生的学习体验。

非政府组织合作： 与非政府组织合作，利用他们的专业知识和资源，为学生提供更多的学习和发展机会。

通过这些策略，可以有效地提高家长和社会对创新教育的参与度，为学生提供一个更加丰富和支持的学习环境。

六、促进校企合作

1. 合作模式与框架

校企合作是培养创新人才的重要途径。根据《创造力、教育和社会发展译丛：培养学生的创造力》一书，有效的合作模式应包括以下几个方面：

合作框架设计： 学校与企业应共同设计合作框架，明确合作目标、责任分配、资源投入等，确保合作的顺利进行。

项目共同开发： 学校与企业共同开发实践项目，将企业的实际需求和学校的教育资源相结合，为学生提供真实的学习情境。

定期评估与反馈： 建立定期评估机制，对合作项目进行评估和反馈，及时调整合作策略，确保合作效果。

2. 实践项目开发

实践项目是校企合作的核心。根据《在教学中激发学生的创造性思维：基于创造性动机理论的思考与启示》的研究，实践项目开发应注重以下几点：

项目真实性： 项目应基于企业的实际需求，让学生在解决真实问题的过程中学习和成长。

学生主导性： 鼓励学生在项目中发挥主导作用，自主设计、实施和评估项目，培养他们的自主学习能力和创新能力。

教师支持性： 教师应为学生提供必要的指导和支持，帮助他们克服困难，确保项目的顺利进行。

3. 学生实习与就业机会

提供实习和就业机会是校企合作的重要目的。根据《以美术教育构建面向 21 世纪的创造力》的研究，以下是实现这一目标的策略。

实习机会开发： 企业应为学生提供实习机会，让他们在实际工作环境中应用所学知识，提高实践能力。

就业指导服务： 学校应提供就业指导服务，帮助学生了解行业需求，制定职业规划，提高就业竞争力。

企业导师制度： 建立企业导师制度，让企业专家担任学生的导师，提供职业指导和行业洞察，帮助学生顺利过渡到职场。

通过这些措施，校企合作可以为学生提供更多的学习和发展机会，同时也为企业输送具有创新能力和实践能力的人才。

七、利用在线教育资源

1. 在线平台与工具

在线教育平台和工具为学生提供了一个全新的学习环境，使他们能够随时随地访问丰富的教育资源。根据《教育变革力与创新创造力培养》一书，以下是利用在线平台与工具的策略。

互动学习平台： 建立互动学习平台，提供讨论区、在线问答、实时反馈等功能，促进学生的参与和互动。

开放课程资源： 利用开放课程资源，如MOOCs（大规模开放在线课程），让学生能够接触到国内外顶尖高校的课程内容。

模拟实验工具： 提供模拟实验工具，让学生在没有物理实验条件的情况下也能进行科学实验和探索。

2. 课程与学习材料

在线课程和学习材料的多样化是满足不同学生需求的关键。根据《小学美术课堂：创造力与感受力的培养》一书，以下是开发在线课程与学习材料的建议：

个性化课程设计： 根据学生的学习兴趣和能力水平，设计个性化的在线课程，提供不同难度和深度的学习材料。

跨学科课程内容： 开发跨学科的在线课程，将科学、技术、工程、艺术和数学（STEAM）等领域的知识整合在一起，培养学生的综合素质。

多媒体学习材料： 利用视频、音频、动画等多媒体材料，提高学生的学习兴趣和理解能力。

3. 学习方式创新

创新学习方式是提高在线教育效果的重要途径。根据《在教学中激发学生的创造性思维：基于创造性动机理论的思考与启示》的研究，以下是创新学习方式的策略：

翻转课堂： 采用翻转课堂模式，让学生在课前通过在线资源自学，课堂上进行讨论和实践活动，提高课堂效率。

项目式学习： 鼓励学生参与项目式学习，通过完成具有挑战性的项目来应用所学知识，培养他们的创新能力和解决问题的能力。

协作学习： 利用在线平台的协作工具，如在线文档编辑、协作白板等，促进学生之间的协作学习，提高他们的团队合作能力。

通过利用在线教育资源，学生可以根据自己的学习节奏和风格进行学习，教育者也可以更有效地满足学生的个性化学习需求，从而提高教育的质量和效果。

八、建立创新教育生态系统

1. 创新实验室与创客空间

创新实验室和创客空间是创新教育生态系统的重要组成部分，它们为学生提供了一个实践创新思想的平台。根据《教育变革力与创新创造力培养》一书，以下是建立创新实验室与创客空间的建议：

设施与设备： 创新实验室应配备先进的科技设备，如3D打印机、激光切割机、机器人套件等，以支持学生的创新项目。

项目导向： 创客空间应以项目为导向，鼓励学生基于兴趣和问题开展创新实践活动，如编程马拉松、创意制作大赛等。

开放性： 创新实验室和创客空间应保持开放性，允许学生自由探索和实验，不受传统课堂约束。

2. 研究项目与竞赛

研究项目和竞赛是激发学生创新热情和实践能力的有效途径。根据《在教学中激发学生的创造性思维：基于创造性动机理论的思考与启示》的研究，以下是实施研究项目与竞赛的策略：

项目设计： 设计具有挑战性和实际意义的研究项目，鼓励学生运用跨学科知识解决问题。

竞赛机制： 组织各类创新竞赛，如科技发明大赛、商业计划竞赛等，为学生提供展示创新成果的平台。

奖励体系： 建立奖励体系，对优秀项目和竞赛获奖者给予表彰和奖励，以激励更多学生参与。

3. 校园文化与环境

校园文化和环境对学生的创新精神和创造力有着深远的影响。根据《设计思维》一书，以下是营造有利于创新的校园文化与环境的措施：

文化建设： 培养一种鼓励创新、容忍失败的校园文化，让学生敢于尝试和表达自己的想法。

环境设计： 设计开放和灵活的学习空间，如开放式图书馆、多功能会议室等，以促进学生的交流和合作。

资源开放： 图书馆、实验室等资源应向所有学生开放，鼓励他们利用这些资源进行自主学习和创新实践。

第九章
结论与展望：培养创造力，塑造未来

在本书中，我们深入探讨了创造力的内涵、重要性及在教育实践中的应用。通过对黄强老师和李伟娟老师的教学实践的分析，我们展示了信息技术与基础教育在培养学生创造力方面的潜力和前景。本结论部分旨在回顾本书的核心观点，并对未来的教育趋势进行展望。

一、创造力的核心价值

首先，我们重申创造力在教育中的核心地位。在快速变化的现代社会中，创造力不仅是个体适应未来社会的关键能力，更是推动社会进步和创新的重要动力。如本书所揭示，创造力的培养能够帮助学生发展独立思考的能力，增强问题解决的技能，并激发他们对学习的持续热情。

二、教育实践的启示

本书中的实践案例表明，通过创新的教学方法和策略，如项目式学习、跨学科教学和技术支持的互动学习，可以有效提升学生的创造力。这些方法不仅能够提高学生的参与度和动机，还能促进他们在游戏中学习、在实践中探索的能力。

三、未来教育的趋势

展望未来，我们预见教育将更加注重个性化和差异化的教学，以适应不同学生的学习需求和风格。教育者需要不断更新教学方法，整合新技术，并创造更多的机会让学生参与到真实世界的项目中，以此来培养他们的创造力和创新能力。

四、持续的挑战与机遇

在推动创造力培养的过程中，我们也面临着诸多挑战，包括资源分配的不均、教师专业发展的需要及评价体系的改革。然而，这些挑战也带来了机遇，促使教育者和决策者重新思考教育的目标和方式，探索更有效的教育模式。

五、结语

总之，本书提供了一个全面的视角来审视创造力在教育中的作用，并为教育工作者提供了实用的策略和启示。我们相信，通过共同努力，我们可以培养出更多具有创新精神和创造力的人才，为社会的发展和进步做出贡献。让我们携手共进，创造一个更加充满创意和活力的教育未来。

附录

附录1：威廉斯创造力倾向测量

这是一份帮你了解自己创造力的练习，凭借你读完题目的第一印象作答，尽可能以较快的速度完成，越快越好。切记，凭自己最真实的感觉作答，在最符合自己情形的选项上打"√"

题项	完全符合	部分符合	完全不符合
1.在学校里，我喜欢试着对事情或问题做猜测，即使不一定都猜对也无所谓。			
2.我喜欢仔细观察我没有看过的东西，以了解详细的情形。			
3.我喜欢听变化多端和富有想象力的故事。			
4.画图时我喜欢临摹别人的作品。			
5.我喜欢利用旧报纸、旧日历及旧罐头等废物来做成各种好玩的东西。			
6.我喜欢幻想一些我知道或想做的事。			
7.如果事情不能一次完成，我会继续尝试，直到成功为止。			
8.做功课时我喜欢参考各种不同的资料，以便得到多方面的了解。			
9.我喜欢用相同的方法做事情，不喜欢去找其他新的方法。			
10.我喜欢探究事情的真假。			
11.我喜欢做许多新鲜的事。			
12.我不喜欢交新朋友。			
13.我喜欢想一些不会在我身上发生的事情。			
14.我喜欢想象有一天能成为艺术家、音乐家或诗人。			
15.我会因为一些令人兴奋的念头而忘记了其他的事。			
16.我宁愿生活在太空站，也不喜欢住在地球上。			

续表

题项	完全符合	部分符合	完全不符合
17. 我认为所有的问题都有固定的答案。			
18. 我喜欢与众不同的事情。			
19. 我常想要知道别人正在想什么。			
20. 我喜欢故事或电视节目所描写的事。			
21. 我喜欢和朋友一起,和他们分享我的想法。			
22. 如果故事书最后一页被撕掉了,我就自己编造一个故事,把结局补上去。			
23. 我长大后,想做一些别人从没想过的事情。			
24. 尝试新的游戏和活动,是一件有趣的事。			
25. 我不喜欢太多的规则限制。			
26. 我喜欢解决问题,即使没有正确的答案也没关系。			
27. 有许多事情我都很想亲自去尝试。			
28. 我喜欢唱没有人知道的新歌。			
29. 我不喜欢在班上同学面前发表意见。			
30. 当我读小说或看电视时,我喜欢把自己想成故事中的人物。			
31. 我喜欢幻想200年前人类生活的情形。			
32. 我常想自己编一首新歌。			
33. 我喜欢翻箱倒柜,看看有些什么东西在里面。			
34. 画图时,我很喜欢改变各种东西的颜色和形状。			
35. 我不敢确定我对事情的看法都是对的。			
36. 对于一件事情先猜猜看,然后再看是不是猜对了,这种方法很有趣。			
37. 玩猜谜之类的游戏很有趣,因为我想要知道结果如何。			
38. 我对机器有兴趣,也很想知道它里面是什么样子,以及它是怎样转动的。			
39. 我喜欢可以拆开来的玩具。			
40. 我喜欢想一些新点子,即使用不着也无所谓。			
41. 一篇好的文章应包含许多不同的意见和观点。			

续表

题项	完全符合	部分符合	完全不符合
42. 为将来可能发生的问题找答案是一件令人兴奋的事情。			
43. 我喜欢尝试新的事情,目的只是为了想知道会有什么结果。			
44. 玩游戏时,通常是有兴趣参加,而不在乎输赢。			
45. 我喜欢想一些别人常谈的事情。			
46. 当我看到一张陌生人的照片时,我喜欢问一些别人没有想到的问题。			
47. 我喜欢翻阅书籍及杂志,但只是知道它的内容是什么。			
48. 我不喜欢探询事情发生的各种原因。			
49. 我喜欢问一些别人没有想到的问题。			
50. 无论家里或在学校,我总是喜欢做许多有趣的事情。			

附录2：创新思想测试题

本测试题共5题，每题答案多样化，越多越好哦，可以画出来，写拼音，没有对错，只要发挥想象力即可。

1. 装轮子的物品可以轻松被移动，你想给什么东西装上轮子？画下来，画得越多越好哦。

2. 糖果被做成各种形状，把糖果与形状联系起来想象。请你尽量多地画出糖果的形状。不涂颜色，只画出简笔画即可。

3. 木头的用途。展开想象把你想到的画出来或者写出来，越多越好。

4. 用线条把正方形分成两等份，画出你的分法。越多越好哦。

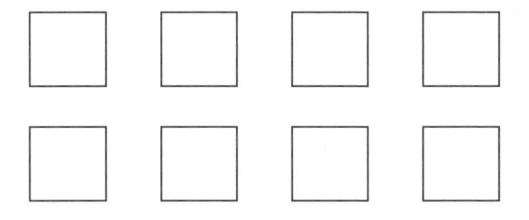

5. 数一数下图有几个人头，在人头上打"√"。